半树

采种与育苗关键技术学习指南

◎ 陈秀娟 高名禄 主编

中国农业科学技术出版社

图书在版编目(CIP)数据

农林灌排与夏北京农业学习报告 / 崔嘉鹏, 原占江主编. -- 北京: 中国水利水电出版社, 2025.8.
ISBN 978-7-5116-7422-7

I. S76-33

中国国家版本馆CIP数据核字第2025TZ4376号

责任编辑	张国锋
责任校对	李向东
责任印制	王凯文

出版者	中国农业科学技术出版社
	北京市中关村南大街12号　邮编: 100081
电　话	(010) 82109705 (编辑室)　(010) 82106624 (发行部)
	(010) 82109709 (读者服务部)
网　址	https://castp.caas.cn
经销者	各地新华书店
印刷者	北京建宏印刷有限公司
开　本	170 mm×240 mm　1/16
印　张	7.75　彩插 8面
字　数	180千字
版　次	2025年8月第1版　2025年8月第1次印刷
定　价	48.00元

◆——— 版权所有·翻印必究 ———◆

《古树养护与复壮实验实习指导》编写人员

主　　编　崔金腾　高占杰
副 主 编　徐申健
编写人员（按姓氏拼音排序）
　　　　　　崔金腾（北京农学院）
　　　　　　冯　丽（北京农学院）
　　　　　　高占杰（北京华林森茂园林绿化工程有限公司）
　　　　　　胡增辉（北京农学院）
　　　　　　李　艳（北京农学院）
　　　　　　宋婷婷（北京农学院）
　　　　　　王　聪（北京农学院）
　　　　　　徐申健（北京农学院）
　　　　　　张　昂（北京农学院）
　　　　　　张睿鹏（北京农学院）

前　言

古树是生态文明传承的重要载体。随着我国对古树保护重视程度的提升，亟须系统化、规范化的专业人才培养体系支撑。北京农学院率先在林学专业下设古树保护方向，填补了我国本科教育中古树保护方向人才培养的空白。为满足本科教学需求，本教材聚焦古树养护与复壮核心实践环节及《古树养护与复壮》实践课程教学需求，结合古树保护行业最新技术标准，构建覆盖古树健康诊断、生境监测、土壤改良、复壮技术的全流程实践教学体系。

本教材采用"实验—实习"双模块架构，共包括17个实验和3个实习，既涵盖古树样本采集、土壤理化性质检测、树龄鉴定、树干空腐检测等基础实验，又设置古树历史文化信息调查、古树游览价值评价、古树资源调查与健康检测等实习任务，符合生态文明建设对古树保护方向复合型人才培养的要求。本教材图文并茂，配备标准化操作流程图与数据记录模板，便于学生理解及实操。

本教材由崔金腾、高占杰担任主编，徐申健担任副主编，胡增辉、张睿鹂、冯丽、李艳、王聪、张昂和宋婷婷等参与编写。实验部分的17个实验部分，包括古树土壤样本采集及储存，土壤含水量、pH值和电导率的测定，土壤孔隙度、砾石含量的测定，土壤碱解氮的测定，土壤有效磷的测定，土壤速效钾的测定，土壤有机质的测定，古树树龄鉴定，古树叶片及枝条密度调查，古树胸径、树高和冠幅检测，古树枝条整理，古树疏花疏果，树干空腐状况检测，古树病虫害防治，古树叶绿素含量测定，古树施肥与补水，幼树靠接等内容，由崔金腾、高占杰、徐申健、胡增辉、张睿鹂、李艳、王聪、张昂和宋婷婷分工完成编写工作；实习部分的3个实习部分，包括古树历史文化信息调查，古树游览价值评价，古树资源调查与健康检测，由崔金腾、冯丽、高占杰分工完成编写工作。全书由崔金腾、徐申健校稿。

  本教材可作为园林、林学、城市林业、古树保护等专业本科或专科学生教材，也可供有关从业者及行业管理人员参考。

  由于编者水平有限，教材中难免有不足与疏忽之处，敬请广大读者批评与指正。

编　者

2025 年 5 月

目　录

第一部分　实　验

实验一　古树土壤样本采集及储存 3
实验二　土壤含水量、pH 值和电导率的测定 7
实验三　土壤孔隙度和砾石含量的测定 12
实验四　土壤碱解氮含量的测定 16
实验五　土壤有效磷含量的测定 20
实验六　土壤速效钾含量的测定 25
实验七　土壤有机质含量的测定 31
实验八　古树树龄鉴定 35
实验九　古树叶片及枝条密度调查 43
实验十　古树胸径、树高和冠幅检测 48
实验十一　古树枝条整理 56
实验十二　古树疏花疏果 60
实验十三　树干空腐状况检测 64
实验十四　古树病虫害防治 69
实验十五　古树叶片叶绿素含量测定 73
实验十六　古树施肥与补水 77
实验十七　幼树靠接 82

第二部分 实 习

实习一　古树历史文化信息调查 …………………………………… 89
实习二　古树游览价值评价 ………………………………………… 94
实习三　古树资源调查与健康检测 ………………………………… 97

参考文献 ……………………………………………………………… 115

第一部分 实验

实验一　古树土壤样本采集及储存

一、实验目的

为了更好地了解古树生长的土壤环境特征，通过采集和分析古树土壤样本，评估土壤的肥力和生态环境，了解土壤生态系统的健康状况和功能，从而探究古树生长与土壤环境的关系，为古树保护和生态修复提供科学依据。这将有助于制定更为有效的古树保护措施和策略，促进生态环境的改善和保护。

二、实验材料、工具

1. 实验材料

样品自封袋、样品箱、手套、样品标签、记录表格、文件夹和铅笔等。

2. 实验工具

GPS、罗盘、照相机、测高仪、卷尺、标尺、铁锹和土钻等。

三、实验内容及方法

1. 以古树生境调查为目的的采样方法

（1）对古树的冠幅进行精确测量，测定古树的东西冠幅，从最东侧枝叶延展的边缘位置至最西侧对应边缘，精准记录其跨度数据；同样，古树的南北冠幅，由南端枝叶最外缘量至北端枝叶边缘处，详细记录数据。

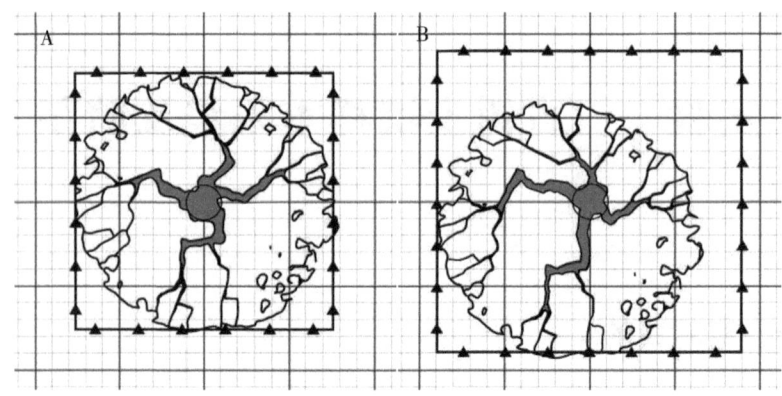

图 1-1　古树生境调查土壤采样点选择示意图

(A. 饱满冠幅；B. 偏冠；▲采样点)

(2) 绘制土壤采样点选择示意图（图 1-1），基于网格划分，依据实际状况在古树东、南、西、北 4 个方向规划采样点。沿冠幅投影边缘，每个方向设定 5~7 个采样点。若在采样准备进程中，发现古树周边存在建筑物对预设采样点有所遮挡，更换采样点，重新在无遮挡且能反映周边真实生境土壤情况的位置选定；如果采样点周边紧邻道路，考虑到道路建设、通行等因素易致土壤紧实度、成分受干扰，不符合自然生境土壤特性要求，应将采样点移动合适距离，到能体现古树毛细根分布区域土壤状况的点位。

2. 以古树复壮为目的的采样方法

采集古树土壤是为古树复壮进行样本检测时，通常结合古树复壮点位。以古树树干为中心，需围绕古树的东、西、南、北 4 个方向展开采样工作。于每个方向均按照"品"字形的布局来确定采样点位置，即在每个方向上选取 3 个点，如同"品"字的形状分布（图 1-2）。通常情况下，古树复壮点被选择在冠幅投影边缘的毛细根分布区域。如果古树无明显偏冠，为饱满冠幅且无建筑物遮挡，采样点可沿冠幅投影边缘，均匀分布在古树东、西、南、北 4 个方向。如果古树偏冠较为明显或是受到周边建筑物遮挡，采样点可沿冠幅投影边缘，选择避开遮挡区域的位置（图 1-2）。

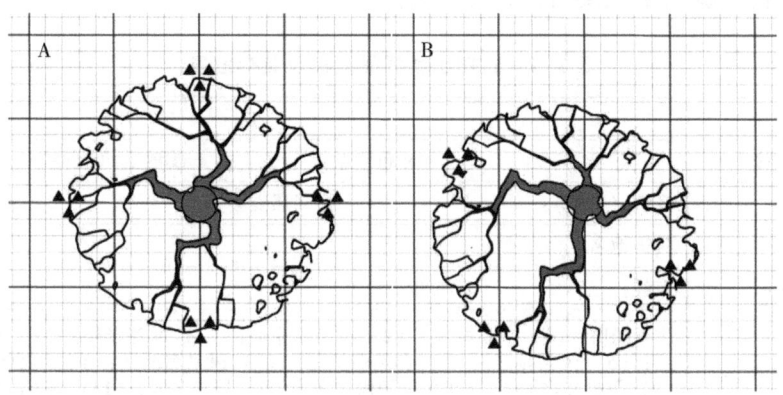

图 1-2　古树复壮土壤采样点选择示意图

（A. 饱满冠幅；B. 偏冠；▲采样点）

3. 取样深度

将单个采样点划分为二层（0~30 cm 和 30~60 cm）或三层（0~30 cm、30~60 cm 和 60~90 cm），必要时，可以根据需要取更深的层次或划分更多的层次。不同取样点同一层次取的样品混合后作为该层次的土壤混合样，即同一方位不同取样点，在同一层次获取的样品做混合处理，以此形成该方位同层次具有广泛代表性的土壤混合样。

4. 现场记录

（1）对取好的混合样应标明样品名称、土壤类型、取样地点、取样深度等标识。

（2）对取样点种植植物等情况进行描述，将取样点标识到图纸中，进行 GPS 定位并做好记录。

5. 贮存

经充分混匀的土样装入玻璃塞广口瓶或塑料袋中，内外各具标签一张，写明编号、采样地点、土壤名称、深度、采样日期和采样者姓名等项目。所有样品都需填表 1-1 登记。制备好的土样要妥为贮存，避免日光、高温、潮湿和有害气体的污染。一般土样保存半年至一年，直至全部分析工作结束，分析数据核实无误后，方可弃去。

表 1-1　古树土壤样品采集及储存信息

编号				
树牌	有　　无	*分布特点	①散生；②群状	
位置	乡镇（街道）：　　　　　　村（居委会）：			
	具体地名：			
	东经：　　　　　　北纬：			
	生长场所：(1) 中心城区；(2) 城市副中心；(3) 远郊野外；(4) 乡村街道；(5) 区县城区；(6) 自然保护区；(7) 风景名胜区；(8) 森林公园；(9) 历史文化街区；(10) 风貌保护区；(11) 历史名园；(12) 名人故居			
树牌信息确认				
树种	中文名：		拉丁名：	
	科：		属：	
等级	①一级　②二级　③名木	树高：　　m		胸围：　　cm
冠幅	①饱满冠幅　②偏冠 平均：　　m	东西：　　m		南北：　　m
古树土壤样本采集信息	（反映树牌是否悬挂照片，以及树牌正面清晰照片，周边环境及采样点示意图）			
	古树整体照片	树牌照片	周边环境及采样点分布示意图	

四、实验报告

制定古树土壤样本采集方案，详细记录操作步骤和细节，撰写实验报告，并填写表 1-1。

五、思考题

(1) 在采集古树土壤的时候，如何选取采集点位和采集深度？

(2) 采集古树土壤样本的目的和意义是什么？

实验二　土壤含水量、pH 值和电导率的测定

一、实验目的

土壤含水量、pH 值与电导率（EC）分别反映了土壤的干湿程度、酸碱性与可溶性盐分含量。本实验旨在掌握采用烘干法测定土壤含水量的操作，理解土壤 pH 值的环境意义并学会使用电位法进行测定，同时学习土壤电导率测定的基本原理与方法，并初步探究其与土壤质地、湿度的关系。通过对这三项关键指标的准确测定，可以综合评估古树根区土壤状况，为古树健康诊断及制定科学的复壮方案提供重要依据。

二、实验材料、工具

1. 材料

土壤样品、去离子水、pH 标准缓冲溶液（pH 值＝4.01、6.86、9.18）、KCl 标准溶液（0.01 mol/L）。

2. 工具、仪器

电子天平（0.01 g）、鼓风干燥箱、pH 计、电导率仪、磁力搅拌器或振荡器、温度计、烧杯、量筒、锥形瓶（或聚乙烯瓶）、移液管、滤纸及其他辅助工具（称量皿、玻璃棒、样品筛等）。

三、实验原理

1. 土壤含水量（干物质含量）的测定

将一定质量的土壤样品置于（105±5）℃的烘箱中干燥至恒重，样品失去的质量即为水分，剩余部分为干物质。含水量（基于干土计）与土壤实际湿度密切相关。土壤含水量影响土壤通气性、微生物活性等多个方面。

2. 土壤 pH 值的测定（电位法）

以水为浸提剂，通常按 2.5∶1 的水土比（质量比）配制土壤悬浊液，静置或振荡后，用 pH 计测定悬浊液的 pH 值。pH 值能反映土壤的酸碱度，影响微量元素可溶性、土壤养分供应及微生物活性等。

3. 土壤电导率（EC）的测定

通常采用 5∶1 的水土比配制土壤浸提液，经振荡、过滤或离心后，测定溶液在 25℃时的电导率（mS/m）。电导率可表征土壤溶液中离子浓度及盐分状况，与土壤质地、含盐量、含水量等密切相关。

四、实验内容与方法

（一）土壤含水量测定

1. 样品预处理

采集后，剔除土壤中的石块、植物残体等可见杂物；对大土块可捣碎后过 2 mm 筛。将已处理好的土壤装于清洁容器中，密封保存。

2. 测定步骤

（1）取带盖的耐热容器（如铝盒）及其盖子，于（105±5）℃烘箱中干燥 1 h；冷却（置于干燥器中 30~45 min），称量空盒质量 m_0（g）（精确至 0.01 g）。

(2) 称取新鲜土壤 10~15 g，置于上述容器中，连同容器盖一起称量总质量 m_1 (g)。

(3) 去掉容器盖，将容器和土壤样品一起置于 (105±5)℃ 烘箱中至恒重（一般 16~24 h 或更长，视土壤类型），同时单独烘干容器盖。

(4) 取出后在鼓风干燥箱中冷却 30~45 min，称量容器+干土+容器盖质量 m_2 (g)。

(5) 计算土壤含水量与干物质含量。

a. 干物质含量（质量分数）w (dm) = [($m_2 - m_0$) / ($m_1 - m_0$)] ×100%

b. 水分含量（质量分数）w (H_2O) = [($m_1 - m_2$) / ($m_2 - m_0$)] ×100%

(6) 同一样品重复测定 3 次，若偏差符合标准要求则可取平均值作为测定结果。

（二）土壤 pH 值测定（电位法）

1. 样品制备

(1) 取风干（或新鲜）土壤 10 g，置于烧杯或带刻度的容器中。

(2) 加入 25 mL 蒸馏水（或纯水），即水土比为 2.5∶1。

(3) 充分振荡（磁力搅拌或振荡器）2 min；静置 30 min（1 h 内完成测定）。

2. pH 计校准

(1) 选用 pH 6.86 标准缓冲液校准零点，再用 pH 4.01 或 pH 9.18 标准缓冲液进行第二点校准。

(2) 读取两种缓冲液时示值误差 ≤0.02 pH 单位方可进行样品测量。

(3) 若土壤 pH 预计为碱性，可用 pH 6.86 和 pH 9.18 标准缓冲液进行校准；若为酸性，可用 pH 6.86 和 pH 4.01 标准缓冲液进行校准。

3. 测定

(1) 控制土壤悬浊液温度在 (25±1)℃（或进行温度补偿）。

（2）用蒸馏水冲洗电极后，插入样品悬浊液中（轻轻搅动排出电极气泡），待读数稳定后记录 pH 值。

（3）每测定完一个样品，应冲洗电极并吸干表面水分，再测下一个样品，同一样品重复测定 3 次取平均值。

（三）土壤电导率（EC）测定（电极法）

1. 样品制备

（1）称取风干土壤 20.0 g，置于 250 mL 锥形瓶（或聚乙烯瓶）中。

（2）加入 100 mL（20±1）℃的蒸馏水或纯水（即 5∶1 水土），于（20±1）℃条件下振荡 30 min（180 r/min 或以上），静置 30 min，或离心/过滤取上清液作为测定液。

（3）按照上述步骤测定空白试样（不放入土样）的电导率。

2. 仪器校准/电极常数确定

（1）用已知电导率的 KCl 标准溶液（如 0.01 mol/L KCl 在 25℃时电导率＝141 mS/m）对电导率仪进行校准。

（2）测定溶液电阻后，自动换算或根据校准曲线计算电导率（mS/m）。

3. 测定

（1）用去离子水冲洗电极后插入土壤提取液。

（2）将仪器温度或自动温度补偿调至 25℃±1℃。

（3）待读数稳定后记录电导率值（mS/m），每测定完一个样品，应冲洗电极并吸干表面水分，再测下一个样品，同一样品重复测定 3 次取平均值。

4. 注意事项

（1）对低 EC 值（如＜1 mS/m）的样品须防止空气中 CO_2 和氨气的干扰。

（2）电极上若有小气泡会影响测试，需轻敲容器或搅拌排出气泡。

（3）每批次测定均需测定空白水的电导率，空白值不应超过 1 mS/m。

五、实验报告

记录不同样品编号、称样质量、pH 计或电导率仪校准信息；计算土壤含水量、pH 值、电导率；统计分析不同采样点结果之间的差异性。

六、思考题

（1）土壤含水量过高或过低会对古树根系生长产生哪些影响？如何调节？

（2）测定 pH 值前为什么要用标准缓冲液校准？影响 pH 值测定准确度的关键因素有哪些？

（3）土壤 pH 值、含水量与电导率之间可能存在什么相互关联？如何在实际养护或复壮中加以综合考量？

实验三　土壤孔隙度和砾石含量的测定

一、实验目的

本实验旨在通过测定古树根区土壤的孔隙度与砾石含量，评估土壤结构特征及颗粒组成，为古树复壮提供科学依据。土壤孔隙度反映土壤通气性和持水能力，直接影响根系生长环境；土壤砾石含量，与土壤透水性与养分保持能力密切相关。通过测定土壤孔隙度和砾石含量等关键参数，可诊断土壤障碍因子，指导土壤改良。

二、实验材料、工具

1. 材料

土壤样品、去离子水。

2. 工具、仪器

环刀（100 cm³）及盖板、电子天平（0.01 g）、鼓风干燥箱、土壤筛网（2 mm）、铲子或刮刀（协助环刀取土和修整土样）、烘干铝盒、漏斗等。

三、实验原理

土壤孔隙度的测定基于土壤容重与颗粒密度之间的关系。土壤容重是指单位体积土壤的烘干质量，通常以环刀法测定。由于土壤是由固相（矿物颗粒、有机质）和孔隙（空气和水）组成的非均质体系，孔隙度是表征土壤结构的重要指标之一。通过测定环刀中土壤样品的干质量及体积，可计算出土壤容重，再结合土壤颗粒密度计算孔隙度。较高的孔隙度意味着土壤具有良好的通气性和持水能力，有利于根系生长，而过低的孔隙度可能导致土壤压实，影响根系对水分和养分的吸收。因此，在古树复壮中，测定土壤孔隙度可以评估根系生长环境，指导改良措施的制定。

土壤砾石含量的测定基于机械筛分法原理。砾石（>2 mm）可通过干筛分法分离。砾石含量的高低影响土壤的物理性质，例如，高砾石含量可能降低土壤的持水性，增加透水性，不利于养分保持。因此，通过分析砾石含量，可判断古树根系周围土壤的颗粒组成，为改良土壤结构和优化根系环境提供科学依据。

四、实验内容与方法

1. 土壤容重测定与孔隙度计算（环刀法）

采用环刀法测定土壤容重，然后计算总孔隙度。具体步骤如下：

（1）采集原状土样：在古树根系附近选取具有代表性的土壤剖面，清理表层杂物；在平整坚实的土壁上与土层垂直插入环刀；手握持环刀上缘垂直压入土，直到环刀刀口与土壁齐平；小心挖出带有环刀的土柱，避免扰动；用刮刀沿环刀两端削去多余土体，使土样恰与环刀两端齐平；记录环刀号、采样层次和深度。

（2）称量湿土质量：如需测定含水率可先密封保存并称量湿土环刀总质量，否则可直接进行烘干；测定前先测定环刀空重 m_1（g），然后连同土样一起放入 105℃ 鼓风干燥箱中烘干至恒重（一般 24 h 以上），取出土样冷却至室温，称量环刀+干土总质量 m_2（g）。

（3）计算土壤容重：环刀容积 V_s 已知，按下式计算土壤容重（干容重）：

$$\rho_b = \frac{m_2 - m_1}{V_s}$$

式中，ρ_b 为土壤容重，$m_2 - m_1$ 为环刀内烘干土壤的质量，V_s 为环刀体积（取 3 个以上平行样品取平均值），容重结果通常以 g/cm³ 表示，保留小数点后两位。

（4）计算土壤孔隙度：测得土壤容重后，根据土粒密度计算总孔隙度，土粒密度可通过密度瓶法测定，若无实测值可取矿质土壤平均值 2.65 g/cm³。总孔隙度 P 按下式计算：

$$P(\%) = \left(1 - \frac{\rho_b}{\rho_s}\right) \times 100$$

式中，ρ_b 为土壤容重（g/cm³），ρ_s 为土壤颗粒密度（g/cm³）；例如，若取 $\rho_s = 2.65$，则公式可写为 $P(\%) = \frac{2.65 - \rho_b}{2.65} \times 100$；计算所得即为土壤总孔隙度，保留小数点后两位；土壤孔隙度一般在 30%~60%，若古树土壤孔隙度偏低，说明土壤紧实，需在后续古树复壮中改善土壤通气状况。

2. 土壤砾石含量测定

采用干筛分法测定土壤中砾石含量。具体步骤如下：

取古树根区表层土壤样品，风干土样，除去植物根系、石块等杂物。称取适量风干土样。利用土壤筛进行干筛分：先用 2 mm 土壤筛网筛分土样，将>2 mm 的颗粒物截留下来。视砾石多少，可进一步用更大孔径筛网分级（如 20 mm、5 mm 等）测定各级粗粒含量。收集并称量筛上>2 mm 部分质量 $m_{>2mm}$（105℃烘干至恒重后称量），记录为土壤砾石（粗粒）质量及风干土样总质量 $m_{总}$（烘干换算）。砾石含量以质量百分数表示。按照公式 砾石含量$(\%) = \frac{m_{>2mm}}{m_{总}} \times 100\%$，计算出土样中>2 mm 颗粒所占比例。若砾石含量较高（如>30%），表示古树根区土壤砾石多，蓄水保肥能力可能较弱，应在古树保护中考虑改良土壤（如填充细质土壤）。

五、实验报告

完整记录实验数据，按公式计算土壤容重（g/cm³）与孔隙度（%），分析误差来源，并结合测定结果，讨论对古树复壮的措施。

六、思考题

（1）测定土壤容重时，为什么要用环刀采集土壤结构未破前的原始土壤？

（2）土壤砾石含量的增加会如何影响古树根系的生长？

实验四　土壤碱解氮含量的测定

一、实验目的

土壤碱解氮是指存在于土壤之中，可被古树吸收利用的氮素形式，是土壤中可利用氮的重要来源之一。土壤碱解氮是古树生长所需的重要营养元素之一，对古树的生长和发育具有重要影响。土壤碱解氮的含量与生长速率、生物量和产量等指标密切相关，是评价土壤肥力和指导施肥的重要依据之一。

通过学习和测定土壤碱解氮含量，理解测定原理，掌握具体的步骤和方法。

二、实验试剂、仪器

1. **实验试剂**

（1）锌-硫酸亚铁还原剂：称取 50 g 磨细并通过 0.25 mm 孔径筛的硫酸亚铁（$FeSO_4 \cdot 7H_2O$）及 10g 锌粉并混匀，装入棕色瓶中；用前现制。

（2）定氮混合指示剂：称取 0.5 g 溴甲酚绿（$C_{21}H_{14}Br_4O_5S$）和 0.1 g 甲基红（$C_{15}H_{15}N_3O_2$）于石英研钵中，研磨后溶于 100 mL 95% 乙醇中。

（3）硼酸指示剂溶液 [ρ (H_3BO_3) = 20 g/L]：称取 20 g 硼酸（H_3BO_3）溶于水中，稀释至 1 L。每升加入定氮混合指示剂 20 mL，然后以稀氢氧化钠（NaOH）溶液或稀盐酸（HCl）溶液调节硼酸指示剂溶液至红紫色（pH 值约为 4.5）；每次使用前检查 pH，如 pH 发生变化，应用稀酸或稀碱调节。

(4) 碱性胶液：100 mL 甘油中投入约 5 g 氢氧化钠（NaOH）并搅拌均匀。

(5) 氢氧化钠溶液 [c（NaOH）= 1.8 mol/L]：称取 72 g 氢氧化钠（NaOH）溶于约 500 mL 水中，冷却后稀释至 1 L。

(6) 氢氧化钠溶液 [c（NaOH）= 1.2 mol/L]：称取 48 g 氢氧化钠（NaOH）溶于约 500 mL 水中，冷却后稀释至 1 L。

(7) 盐酸标准溶液 [c（HCl）= 0.01 mol/L]：配制 0.1 mol/L 盐酸标准溶液并标定，用前用去离子水定容稀释 10 倍。

2. 仪器

电子天平（0.01 g）、酸度计、恒温培养箱、土壤筛网、毛玻璃、扩散皿、微量滴定管（10 mL）等。

三、实验原理

用碱液处理土壤时，易水解的有机氮及铵态氮转化为氨，硝态氮则先经还原剂转化为铵态氮，再转化为氨，氨气扩散后被硼酸吸收，再用标准酸滴定，计算碱解氮的含量。

四、实验内容与方法

(1) 称取通过 2 mm 筛孔的风干土样 2 g（精确到 0.01 g）和 1 g 锌-硫酸亚铁还原剂加入扩散皿外室，沿水平方向轻轻旋转扩散皿，使土样和还原剂混匀、铺平。同时进行空白试验。

(2) 在扩散皿的内室中，加入 2 mL 硼酸指示剂溶液（加入硼酸指示剂溶液后，若内室溶液变为蓝色，则说明扩散皿受到污染）。

(3) 在扩散皿的外室边缘上方均匀涂上碱性胶液，盖上毛玻璃（毛面向下），旋转数次，使毛玻璃与扩散皿边缘完全黏合，再慢慢转开毛玻璃的一边，使扩散皿外室露出一条狭缝，迅速加入 10.0 mL 1.8 mol/L 氢氧化钠溶液，立即将毛玻璃盖严。

（4）在实验台上沿水平方向轻轻旋转扩散皿，使氢氧化钠溶液与土样充分混合，然后小心用两根橡皮筋交叉成"十"字形圈紧，使毛玻璃固定。将扩散皿放在恒温培养箱中，于（40±1）℃保温 24 h。

（5）将扩散皿取出，小心转开毛玻璃，用半微量滴定管以 0.01 mol/L 的盐酸溶液滴定扩散皿内室硼酸中吸收的氨量，颜色由蓝色刚变紫红色即达终点。用完后的扩散皿用自来水冲洗后，先放入稀盐酸中浸泡，再按一般玻璃器皿洗涤方法洗涤。

（6）土壤样品中碱解氮含量以质量分数 ω 计，数值以毫克每千克（mg/kg）表示，按下面公式计算：

$$\omega = \frac{c \times (v - v_0) \times 14}{m} \times 1\,000$$

式中，

c——盐酸溶液浓度，mol/L；

v——样品测定时消耗盐酸溶液的体积，mL；

v_0——空白测定时消耗盐酸溶液的体积，mL；

m——风干土样质量，g；

14——氮的毫摩尔质量，g/mol；

1 000——换算系数，将 mL 换算成 L 和将 g 换算成 kg 的系数；

平行测定结果以算术平均值表示，保留小数点后两位。

五、实验报告

实验报告应完整记录实验数据（包括土样质量、滴定体积、标准酸浓度等），按公式计算土壤碱解氮含量（单位 mg/kg），分析误差来源（如滴定终点判断、密封性操作等），总结实验关键操作步骤（如还原剂使用条件、硼酸指示剂 pH 调节、扩散皿密封方法）对结果的影响，结合测定结果，讨论对古树复壮的措施。

六、思考题

(1) 实验中使用锌-硫酸亚铁还原剂的目的是什么?

(2) 若滴定终点延迟(溶液变紫红色后继续滴定),对测定结果会产生何种影响?

实验五　土壤有效磷含量的测定

一、实验目的

土壤有效磷是指存在于土壤之中,可被植物吸收利用的磷的总称。它包括全部水溶性磷、部分吸附态磷、一部分微溶性的无机磷和易矿化的有机磷等。土壤有效磷是古树生长所需的重要营养元素之一,对古树健康具有重要的作用。土壤有效磷的含量与生长速率、生物量和品质等指标密切相关,是评价土壤供磷水平和指导施肥的重要依据。

通过学习和测定古树土壤有效磷的含量,理解测定原理,掌握具体的实验步骤和方法。

二、实验试剂、仪器

1. 酸性土壤试样（pH 值 < 6.5）有效磷的测定试剂

（1）硫酸（$\rho = 1.84$ g/mL）。

（2）盐酸（$\rho = 1.19$ g/mL）。

（3）硫酸溶液（5%, V/V）：吸取 5 mL 硫酸（$\rho = 1.84$ g/mL）缓缓加入 90 mL 水中,冷却后用去离子水稀释至 100 mL。

（4）酒石酸锑钾溶液（$\rho = 5$ g/L）：称取酒石酸锑钾[K（SbO）$C_4H_4O_6 \cdot 1/2H_2O$] 0.5 g 溶于 100 mL 去离子水中。

（5）硫酸钼锑贮备液：称取 10 g 钼酸铵溶于 300 mL 约 60 ℃的去离子水中,冷却。另量取 126 mL 硫酸（$\rho = 1.84$ g/mL）,缓缓倒入约 400 mL 去离子水中，搅拌，冷却。然后将配制好的硫酸溶液缓缓倒入钼酸铵溶液中。再加入 100 mL 酒石酸锑钾溶液（$\rho = 5$ g/L），冷却后，用去离子水定容至 1 L，摇匀，贮于棕色试剂瓶中。

（6）钼锑抗显色剂：称取 1.5 g 抗坏血酸溶于 100 mL 硫酸钼锑贮备液中，此溶液现配现用。

（7）二硝基酚指示剂：称取 0.2 g 2,4-二硝基酚或 2,6-二硝基酚溶于 100 mL 水中。

（8）1:3 氨水溶液：按氨水:去离子水 = 1:3 的体积比配制。

（9）氟化铵-盐酸浸提剂：称取 1.11 g 氟化铵溶于 400 mL 去离子水中，加入 2.1 mL 盐酸，用去离子水稀释至 1 L，贮存于塑料瓶中。

（10）硼酸溶液（$\rho = 30$ g/L）：称取 30 g 硼酸，在 60 ℃ 左右的热水中溶解，冷却后用去离子水稀释至 1 L。

（11）磷标准贮备液 [$\rho = 100$ mg/L]：准确称取经 105 ℃ 烘干 2 h 的磷酸二氢钾 0.439 4 g，用去离子水溶解后，加入 5 mL 硫酸，定容至 1 L。

（12）磷标准溶液 [$\rho = 5$ mg/L]：吸取 5 mL 磷标准贮备液于 100 mL 容量瓶中，用去离子水定容，摇匀后待用。

2. 中性、石灰性土壤试样（pH 值 ≥ 6.5）有效磷的测定试剂

（1）氢氧化钠溶液（$\rho = 100$ g/L）：称取 10 g 氢氧化钠溶于 100 mL 去离子水中。

（2）碳酸氢钠浸提剂：称取 42 g 碳酸氢钠（$NaHCO_3$）溶于约 950 mL 去离子水中，用氢氧化钠溶液调节 pH 值至 8.5，用去离子水稀释至 1 L，贮存于聚乙烯瓶或玻璃瓶中备用，如贮存期超过 20 d，使用时必须检查并校准 pH。

（3）酒石酸锑钾溶液（$\rho = 3$ g/L）：称取酒石酸锑钾 [$K(SbO)C_4H_4O_6 \cdot 1/2H_2O$] 0.3 g 溶于 100 mL 去离子水中。

（4）钼锑贮备液：称取 10 g 钼酸铵溶于 300 mL 约 60℃ 的去离子水中，冷却；另量取 181 mL 硫酸，缓缓倒入约 800 mL 去离子水中，搅拌，冷却，然后将配制好的硫酸溶液缓缓倒入钼酸铵溶液中，再加入 100 mL 酒石酸锑

钾溶液，冷却后，用去离子水定容至 2 L，并摇匀，贮于棕色试剂瓶中。

（5）钼锑抗显色剂：称取 0.5 g 抗坏血酸溶于 100 mL 钼锑贮备液中，此溶液现配现用。

3. 仪器

电子天平、酸度计、紫外/可见分光光度计、恒温往复式振荡器、土壤筛网、塑料瓶等。

三、实验原理

利用氟化铵-盐酸溶液浸提酸性土壤中有效磷，利用碳酸氢钠溶液浸提中性、石灰性土壤中有效磷，所提取出的磷以钼锑抗比色法测定，计算得出土壤样品中的有效磷含量。

四、实验内容与方法

1. 酸性土壤试样（pH 值<6.5）有效磷的测定

（1）有效磷的浸提：称取通过 2 mm 筛孔风干试样 5 g 置于 200 mL 塑料瓶中，加入氟化铵-盐酸浸提剂 50 mL，振荡 30 min（180 r/min）后，立即用无磷滤纸过滤。

（2）空白溶液的制备：除不加试样外，其他步骤同（1）。

（3）标准曲线绘制：分别吸取磷标准溶液 0 mL、1 mL、2 mL、4 mL、6 mL、8 mL、10 mL 于 50 mL 容量瓶中，加入 10 mL 氟化铵-盐酸浸提剂，再加入 10 mL 硼酸溶液，摇匀，加去离子水至 30 mL，再加入二硝基酚指示剂 2 滴，用硫酸溶液或氨水溶液调节溶液刚显微黄色，加入钼锑抗显色剂 5 mL，用水定容至刻度，充分摇匀，即得含磷 0.0 mg/L、0.1 mg/L、0.2 mg/L、0.4 mg/L、0.6 mg/L、0.8 mg/L、1.0 mg/L 的磷标准系列溶液。室温静置 30 min 后，用 1 cm 光径比色皿在波长 700 nm 处，以标准溶液的零点调零后进行比色测定，绘制标准曲线。

(4) 测定：吸取试样溶液 10 mL 于 50 mL 容量瓶，加入 10 mL 硼酸溶液，摇匀，加去离子水至 30 mL 左右，再加入二硝基酚指示剂 2 滴，用硫酸溶液和氨水溶液调节溶液至刚显微黄色，加入 5 mL 钼锑抗显色剂，用水定容，在室温高于 20 ℃ 条件下静置 30 min，用 1 cm 光径比色皿在波长 700 nm 处，以标准溶液的零点调零后进行比色测定；若测定的磷质量浓度超出标准曲线范围，应用浸提剂将试样溶液稀释后重新比色测定。

2. 中性、石灰性土壤试样（pH 值≥6.5）有效磷的测定

(1) 有效磷的浸提：称取通过 2 mm 筛孔风干试样 2.5 g，置于 200 mL 塑料瓶中，加入碳酸氢钠浸提剂 50 mL，振荡 30 min（180 r/min）后，立即用无磷滤纸过滤。

(2) 空白溶液的制备：除不加试样外，其他步骤同（1）。

(3) 标准曲线绘制：分别吸取磷酸标准溶液 0.0 mL、0.5 mL、1.0 mL、2.0 mL、3.0 mL、4.0 mL、5.0 mL 于 25 mL 容量瓶中，加入碳酸氢钠浸提剂 10.0 mL，钼锑抗显色剂 5.0 mL，慢慢摇动，排出 CO_2 后加去离子水定容，即得含磷 0.0 mg/L、0.1 mg/L、0.2 mg/L、0.4 mg/L、0.6 mg/L、0.8 mg/L、1.0 mg/L 的磷标准系列溶液；在室温高于 20 ℃ 条件下静置 30 min 后，用 1 cm 光径比色皿在波长 880 nm 处，以标准溶液的零点调零后进行比色测定，绘制标准曲线。

(4) 测定：吸取试样溶液 10 mL 于 50 mL 容量瓶或锥形瓶中，缓慢加入钼锑抗显色剂 5 mL，慢慢摇动排出 CO_2，再加入 10 mL 去离子水，充分摇匀，在室温条件下，静置 30 min，用 1 cm 光径比色皿在波长 880 nm 处，以标准溶液的零点调零后进行比色测定；若测定的磷质量浓度超出标准曲线范围，应用浸提剂将试样溶液稀释后重新比色测定。

3. 结果计算

土壤样品中有效磷含量以质量分数 ω 计，数值以毫克每千克(mg/kg)表示，按下面公式计算：

$$\omega = \frac{(\rho - \rho_0) \times V \times D}{m}$$

式中，

ρ——从标准曲线求得的显色液中磷的浓度，单位为毫克每升（mg/L）；

ρ_0——从标准曲线求得的空白试样中磷的浓度，单位为毫克每升（mg/L）；

V——显色液体积，单位为毫升（mL）；

D——分取倍数，试样浸提剂体积与分取体积之比；

m——试样质量，单位为克（g）；

平行测定结果以算术平均值表示，保留小数点后两位。

五、实验报告

实验报告需要系统记录实验数据（包括土样质量、浸提液体积、显色液吸光度及标准曲线磷浓度等），按公式计算土壤有效磷含量（单位 mg/kg）；结合土壤有效磷分级标准（低磷<10 mg/kg，中磷 10~20 mg/kg，高磷>20 mg/kg）评价肥力水平，讨论对古树复壮的措施。

六、思考题

（1）酸性土壤与中性、石灰性土壤有效磷测定中，为何使用不同浸提剂（氟化铵-盐酸 vs 碳酸氢钠）？浸提剂的选择与土壤 pH 有何关联？

（2）钼锑抗显色剂为何需现配现用？如果显色剂配制后放置过久（>24 h），对测定结果会产生何种影响？

实验六　土壤速效钾含量的测定

一、实验目的

速效钾是指存在于土壤之中，可被古树吸收利用的钾，以水溶性和交换性状态存在。土壤钾是古树生长所需的重要营养元素之一，对古树的生长和发育具有重要影响。土壤速效钾与古树的生长指标密切相关，是评价土壤供钾水平和指导施肥的重要依据。

通过学习和测定土壤速效钾含量，使学生理解测定原理，掌握具体的实验步骤和方法。

二、实验试剂、仪器

1. 酸性土壤试样（pH值<6.5）速效钾的测定试剂

（1）盐酸溶液（1∶1）：将盐酸与去离子水等体积混合。

（2）碳酸氢钠溶液：称取碳酸氢钠（$NaHCO_3$）42 g溶于去离子水中，用水稀释至1L，摇匀。

（3）联合浸提剂（0.015 mol/L NaF+0.025 mol/L Na_2SO_4+0.2 mol/L CH_3COONa+0.001 mol/L EDTA二钠）：称取氟化钠（NaF）0.63 g，无水硫酸钠（Na_2SO_4）3.55 g，无水乙酸钠（CH_3COONa）16.41 g，EDTA二钠（$C_{10}H_{14}N_2O_8Na_2 \cdot 2H_2O$）0.37 g溶于约600 mL去离子水，加入浓硫酸（H_2SO_4）5.8 mL，转移到容量瓶中，用去离子水定容至1 L。

（4）无磷活性炭：如果所用活性炭含磷，应先用盐酸溶液（1∶1）浸泡 12 h 以上，然后移放在平板漏斗上抽气过滤，用去离子水淋洗 4~5 次，再用碳酸氢钠溶液浸泡 12 h 以上，在平板漏斗上抽气过滤，用去离子水洗尽碳酸氢钠，并至无磷为止，烘干备用。

（5）速效钾掩蔽剂（25 g/L EDTA 二钠溶液）：准确量取 500 mL 甲醛于 1 L 容量瓶中；另称取 25 g EDTA 二钠（$C_{10}H_{14}N_2O_8Na_2 \cdot 2H_2O$）溶于约 300 mL 去离子水中；将后者转移至含有 500 mL 甲醛的 1 L 容量瓶中，混匀后，加入 12.5 mL 三乙醇胺，定容至 1 L。

（6）速效钾助掩剂（300 g/L 氢氧化钠溶液）：称取氢氧化钠（NaOH）300 g，溶于约 800 mL 去离子水中，冷却至室温后，转移到容量瓶中，以去离子水定容至 1L。

（7）速效钾浊度剂（62.5 g/L 四苯硼钠溶液）：称取氢氧化钠（NaOH）8 g 溶于约 80 mL 去离子水中，冷却后定容至 100 mL，即为 2 mol/L 的氢氧化钠溶液，备用；另称取四苯硼钠[$NaB(C_6H_5)_4$] 62.5 g，溶于约 900 mL 去离子水中，加入 0.5 mL 已配成的 2 mol/L 的氢氧化钠溶液，摇匀，转移到容量瓶中，以去离子水定容至 1 L，过滤至溶液澄清。

（8）土壤混合标准贮备溶液：称取磷酸二氢钾（KH_2PO_4）0.460 2 g，硫酸铵[$(NH_4)_2SO_4$] 1.131 9 g，硝酸钾（KNO_3）1.732 3 g，硫酸钾（K_2SO_4）0.802 3 g，溶于约 800 mL 去离子水中，加入浓硫酸（H_2SO_4）10 mL，完全溶解后，转移到容量瓶中，以去离子水定容至 1 L。

（9）土壤混合标准溶液：吸取 1 mL 土壤混合标准储备溶液至容量瓶中，用去离子水定容至 100 mL，摇匀。

2. 中性、石灰性土壤试样（pH 值≥6.5）速效钾的测定试剂

（1）硫酸溶液（1∶9）：将 1 体积的硫酸溶于 9 体积的去离子水中。

（2）盐酸溶液（1∶1）：将盐酸与去离子水等体积混合。

（3）氢氧化钠溶液：称取氢氧化钠（NaOH）100 g 溶于去离子水中，用去离子水稀释至 1L，摇匀。

（4）联合浸提剂（0.374 mol/L Na_2SO_4 + 0.450 mol/L $NaHCO_3$，pH8.5）：称取无水硫酸钠（Na_2SO_4）53.12 g，碳酸氢钠（$NaHCO_3$）

37.8 g，溶于约 800 mL 去离子水中，用硫酸溶液（1∶9）或氢氧化钠溶液，将 pH 值调至 8.5，用去离子水定容至 1 L。

（5）无磷活性炭：如果所用活性炭含磷，应先用盐酸溶液（1∶1）浸泡 12 h 以上，然后移放在平板漏斗上抽气过滤，用去离子水淋洗 4~5 次，再用土壤联合浸提剂（4）浸泡 12 h 以上，在平板漏斗上抽气过滤，用水洗尽碳酸氢钠，至无磷为止，烘干备用。

（6）速效钾掩蔽剂（5 g/L 硫酸铜+12 g/L 酒石酸溶液）：称取硫酸铜（$CuSO_4 \cdot 5H_2O$）5 g，酒石酸（$C_4H_6O_6$）12 g，溶于约 500 mL 去离子水中，加入浓硫酸 200 mL，冷却至室温后，转移到容量瓶中，用去离子水定容至 1 L。

（7）速效钾助掩剂（75 g/L EDTA 二钠溶液）：称取 EDTA 二钠（$C_{10}H_{14}N_2O_8Na_2 \cdot 2H_2O$）75 g，氢氧化钠（NaOH）130 g 溶于适量去离子水中，冷却后，转移到容量瓶中，用去离子水定容至 1 L。

（8）速效钾浊度剂（62.5 g/L 四苯硼钠溶液）：称取氢氧化钠（NaOH）8 g 溶于约 80 mL 离子水中，冷却后定容至 100 mL，即为 2 mol/L 的氢氧化钠溶液，备用；另称取四苯硼钠 [$NaB(C_6H_5)_4$] 62.5 g，溶于约 900 mL 去离子水中，加入 0.5 mL 已配成的 2 mol/L 的氢氧化钠溶液，摇匀，转移至容量瓶中，以去离子水定容至 1 L，过滤至溶液澄清。

（9）土壤混合标准贮备溶液：称取磷酸二氢钾（KH_2PO_4）0.460 2 g，硫酸铵 [$(NH_4)_2SO_4$] 1.131 9 g，硝酸钾（KNO_3）1.732 3 g，硫酸钾（K_2SO_4）0.061 1 g 溶于约 800 mL 去离子水中，加入浓硫酸（H_2SO_4）10.0 mL，完全溶解后，转移到容量瓶中，以水定容至 1 L。

（10）土壤混合标准溶液。吸取 1 mL 土壤混合标准储备溶液至容量瓶中，用去离子水定容至 100.0 mL，摇匀。

3. 仪器

电子天平、酸度计、紫外/可见分光光度计、恒温振荡器、磁力搅拌器、土壤筛网、滴管或滴瓶。

三、实验原理

采用联合浸提-比色分析法测定土壤速效钾。通过浸提剂中的阳离子置换土壤胶体表面及溶液中的速效钾（水溶性和交换性钾），形成含钾浸提液；随后利用钾离子与特定试剂（如四苯硼钠）发生沉淀反应生成白色浑浊物（四苯硼钾），通过比浊法或间接比色法测定溶液浊度或显色强度。该方法通过优化浸提条件及干扰离子（如 EDTA 螯合重金属），实现快速、灵敏测定土壤钾含量，为土壤肥力评估和精准施肥提供高效支持。

四、实验内容与方法

1. 酸性土壤试样（pH 值<6.5）速效钾的测定

（1）土壤浸提滤液的制备：称取 5 g（精确到 0.01 g）通过 2 mm 筛孔的风干试样，置于 100 mL 锥形瓶内，加入无磷活性炭 0.5 g，土壤联合浸提剂 25 mL，盖紧瓶塞，室温下，频率 1 200 r/min，振荡 8 min，然后过滤，滤液备用。

（2）显色：吸取联合浸提剂 2 mL 于一只玻璃瓶中作空白，吸取土壤混合标准溶液 2 mL 于另一玻璃瓶中，吸取土壤浸提滤液 2 mL 于第三只玻璃瓶中；依次加入：土壤速效钾掩蔽剂 6 滴，土壤速效钾助掩剂 2 滴，土壤速效钾浊度剂 4 滴。摇匀，立即测定。

（3）测定：将待测液分别转移到 10 mm 比色皿中，在 685 nm 波长下，以空白液调零后，将标准液放入比色槽中。

在吸光度测定档分别测定标准液和待测液的吸光度值，含量以质量分数 ω 计，数值以毫克每千克（mg/kg）表示，按下面公式计算：

$$\omega = \frac{A_2}{A_1} \times 70$$

式中，

A_1——标准液的吸光度值；

A_2——待测液的吸光度值。

平均测定结果以算术平均值表示，保留小数点后两位。

2. 中性、石灰性土壤试样（pH 值≥6.5）速效钾的测定

（1）土壤浸提滤液的制备：称取 2.5 g（精确到 0.01 g）通过 2 mm 筛孔的风干试样，置于 100 mL 锥形瓶内，加入无磷活性炭 0.5 g，加入土壤联合浸提剂 50 mL，盖紧瓶塞，室温下，频率 1 200 r/min，振荡 8min，然后过滤。滤液即可用于土壤速效钾的快速测定。

（2）显色：吸取土壤联合浸提剂 2 mL 于一只玻璃瓶中作空白，吸取土壤混合标准溶液 2 mL 于另一玻璃瓶中，吸取土壤浸提滤液 2 mL 于第三只玻璃瓶中；依次加入：土壤速效钾掩蔽剂 2 滴，土壤速效钾助掩剂 6 滴，土壤速效钾浊度剂 6 滴。摇匀后，静置 10 min。

（3）测定：将待测液分别转移到 10 mm 比色皿中，在 685 nm 波长下，以空白液调零后，将标准液放入比色槽中。

在吸光度测定档分别测定标准液和待测液的吸光度值。含量以质量分数 ω 计，数值以毫克每千克（mg/kg）表示，按下面公式计算：

$$\omega = \frac{A_2}{A_1} \times 200$$

式中，

A_1——标准液的吸光度值；

A_2——待测液的吸光度值。

平均测定结果以算术平均值表示，保留小数点后两位。

五、实验报告

实验报告需要完整记录实验数据（包括土样质量、浸提液体积、显色液吸光度及标准液浓度等），按公式分步计算土壤速效钾含量（单位 mg/kg）。误差分析应聚焦显色剂稳定性、浸提条件控制及仪器校准误差等；

结合土壤速效钾分级标准（低钾 < 80 mg/kg，中钾 80~150 mg/kg，高钾 >150 mg/kg）评价土壤肥力水平，讨论对古树复壮的措施。

六、思考题

（1）酸性土壤速效钾测定时，浸提剂里加氟化钠（NaF）有什么用？如果忘记加，结果会不准确吗？

（2）用四苯硼钠测定土壤速效钾时，如果显色后放太久才比色（比如超过 0.5 h），测定结果将偏高还是偏低？

实验七 土壤有机质含量的测定

一、实验目的

土壤有机质是指存在于土壤中的所有含碳有机物质的总称,它是土壤肥力的重要指标。本实验旨在掌握土壤有机质的测定原理与操作方法,学会准确测定土壤样品中有机质含量;了解重铬酸钾氧化外加热法在不同类型土壤测定中的适用性;并通过测定古树根区土壤有机质含量,评估土壤肥力及改良需求,为古树复壮提供科学依据。

二、实验试剂、仪器

1. **实验试剂**

(1) 浓硫酸 [ρ (H_2SO_4) = 1.84 g/mL]

(2) 重铬酸钾标准溶液 [c (1/6 $K_2Cr_2O_7$) = 0.8 mol/L]:准确称取烘干后的重铬酸钾 39.2245 g,溶于 800 mL 水中,用纯水定容至 1 L,确保溶液使用前不能产生结晶析出。

(3) 邻菲啰啉指示剂:称取邻菲啰啉 ($C_{12}H_8N_2 \cdot H_2O$) 1.485 g 和 0.695 g 硫酸亚铁 ($FeSO_4 \cdot 7H_2O$) 溶于 100 mL 水,形成红棕色络合物,该溶液应密闭保存于棕色瓶中。

(4) 0.2 mol/L 硫酸亚铁溶液 [c ($FeSO_4 \cdot 7H_2O$) = 0.2 mol/L]:称取 56.0 g 硫酸亚铁 ($FeSO_4 \cdot 7H_2O$) 溶解于 600~800 mL 水中,加浓硫酸 5.0 mL 搅拌均匀,静止片刻后定容至 1 L 容量瓶内。

(5) 去离子水、少量硫酸银（遇含氯化物高的样品）。

2. 仪器

(1) 电子天平：精度 0.0001 g，用于样品称量。

(2) 干燥箱：温度 105℃±2℃，烘干土样。

(3) 温度计：测量范围可达 300℃。

(4) 调温电炉或油浴锅（可控温 170~190℃），配套铁丝笼、硬质试管（Φ25 mm×200 mm）及小漏斗（用于重铬酸钾氧化法外加热消煮）。

(5) 滴定装置：25 mL 棕色滴定管，用于硫酸亚铁溶液滴定。

(6) 其他常用实验器材：烧杯、硬质试管、容量瓶、移液管、漏斗、滤纸、标线管等。

三、实验原理

通过重铬酸钾氧化加热法测定土壤有机质，是在强酸性（浓硫酸）及加热条件下，土壤有机质中的碳被过量重铬酸钾氧化为 CO_2，自身被还原为 Cr^{3+}，反应后用硫酸亚铁标准溶液滴定剩余重铬酸钾，根据消耗的硫酸亚铁量计算与有机质反应的重铬酸钾量，再通过公式换算出土壤有机质含量（需考虑氧化校正系数补偿未完全氧化部分），该方法基于氧化还原反应，通过反滴定间接定量，是测定土壤有机质的经典化学分析方法。

四、实验内容与方法

1. 样品称量与预处理

将风干、研磨并过筛（0.25 mm）的土壤样品充分混匀。称取 0.1~0.5 g（精确至 0.01 g）土样置于硬质试管中。若土壤中氯化物含量较高（>0.5%），加入约 0.1 g 的硫酸银粉末，以消除氯离子干扰（注意此时氧化校正系数需改为 1.08）。

2. 氧化消煮

向试管中加入 5.0 mL 0.8 mol/L 的重铬酸钾标准溶液，再加入 5.0 mL 浓硫酸，轻轻振荡使溶液混合。盖上试管口，防止溅出。将试管放入预先加热到 170~180℃ 的油浴锅或电炉上加热，当溶液开始剧烈翻动并保持稳定沸腾后，计时 5 min（消煮时间不足或过长都可能带来误差）。

3. 滴定与空白

取出硬质玻璃试管冷却，用适量水（60~80 mL）将氧化液定量转移至锥形瓶中。加入 3~5 滴邻菲啰啉指示剂，用 0.2 mol/L 硫酸亚铁溶液进行滴定。当溶液由橙黄色经蓝绿色突变到稳定棕红色即为终点。记录硫酸亚铁用量 V（mL）。同批需做空白试验，不加土壤仅加石英砂，其余操作相同。记录空白消耗体积 V_0（mL）。（若滴定样品消耗硫酸亚铁体积<空白实验体积的 1/3，应减少土样重做。）

4. 结果计算

计算公式：

$$\omega(\text{有机质含量}) = \frac{c \times 5.0}{m \times V_0} \times (V_0 - V) \times 0.003 \times 1.724 \times 1.1 \times 1\,000$$

其中：

c 为重铬酸钾标准溶液浓度（0.8 mol/L）；5.0 为加入重铬酸钾标准溶液的体积（mL）；m 为土样质量（g）；

V_0、V 分别为空白和样品滴定所消耗硫酸亚铁体积（mL）；

0.003 为相当于 1/4 碳原子的微摩尔质量（g/mmol）；

1.724 为按土壤有机质的平均碳含量为 58% 计算，将土壤碳含量换算成有机质含量的系数；

1.1 为氧化校正系数（若加硫酸银除氯，校正系数改为 1.08）；

1 000 为单位换算（克换算成千克，结果以 g/kg 表示）。

五、实验安全注意事项

添加浓硫酸时须将盛装反应液的试管置于冷水浴中缓慢加入，并持续振荡以防止暴沸喷溅，操作高温油浴（170~180℃）必须佩戴专业隔热手套并在通风橱内进行，严防硅油飞溅造成烫伤；实验结束后所有含铬废液（包括消煮液、滴定残液）必须单独收集于专用废液桶中，严禁直接排入下水管道，以确保人身安全及符合危险废弃物环保处置要求。

六、实验报告

记录实验样品编号、前处理方法、各步骤数据（试样质量、滴定体积或分析仪读数等）。分别计算土样的有机质含量（g/kg）。对照空白与标准物质结果，检查方法准确度与精密度。根据结果探讨不同土层或不同采样点之间土壤有机质含量的差异可能原因，如有机质积累状况、土壤类型、植被等。在古树复壮过程中，可结合有机质含量评估土壤肥力及改良需求。

七、思考题

（1）重铬酸钾氧化法在测定土壤有机质时，有哪些优点和局限性？
（2）如果土壤中含有较多氯离子，应如何预处理与修正？

实验八　古树树龄鉴定

一、实验目的

古树树龄的鉴定是古树等级的界定以及古树保护相关执法工作开展的重要依据。通过学习树木年轮年代学鉴定古树树龄的方法，理解通过树轮准确鉴定树龄的原理，掌握如何利用生长锥钻取树芯、利用木槽固定树芯及利用 Lintab 树木年轮工作台测量树轮宽度并进行交叉定年，准确鉴定古树树龄。

二、实验材料、工具

1. 材料

树干或树芯。

2. 工具

生长锥、塑料管、记号笔、胸径尺、木槽、白乳胶、美纹纸、砂纸、打磨机，铅笔，橡皮。

3. 仪器

Lintab 工作台。

三、实验原理

树木的形成层每年都有生长活动，每年春季，气候温和，雨量充沛，树木生长很快,形成的细胞体积大,数量多,细胞壁较薄,材质疏松,颜色较浅,称为早材或春材;秋季,气温渐凉,雨量稀少,树木生长缓慢,形成的细胞体积小,数量少,细胞壁较厚,材质紧密,颜色较深,称为晚材或秋材;树干横截面上一圈圈木质疏密相间、颜色深浅相间的同心圆环,就是树木的年轮图(图8-1),每年的年轮包括春材和秋材,多数温带树种一年形成一个年轮,因此通过生长锥钻取树芯,计数树芯上年轮的数目后,结合交叉定年技术就可以鉴定树木树龄。

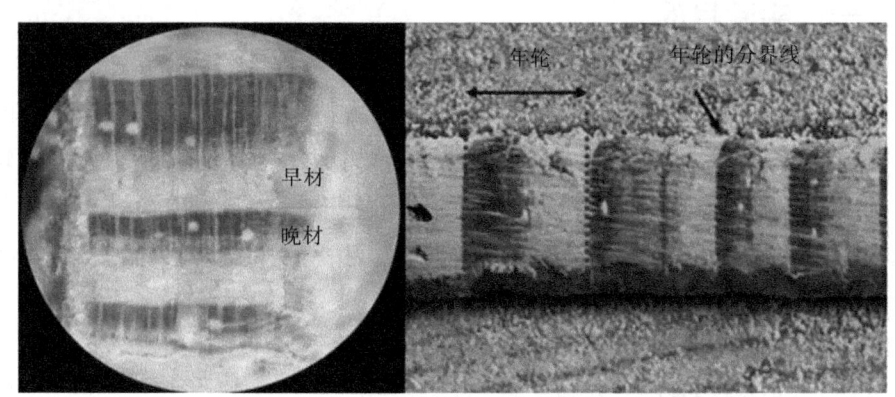

图 8-1 树木年轮

四、实验内容与方法

1. 钻取树芯

取样时使用直径为 5.15 mm 的生长锥,沿平行于山坡走向的方向上从树的胸高位置(1.3m)进行采样,当无法在垂直坡向进行采样时,可根据实际情况更换采样位置与方向从而避开枝节,以便更利于着力(图 8-2)。取样时先将钻头对紧树皮,向垂直树体方顺时针用力转动生长锥,生长锥钻入树皮时要保持平稳,以免树皮处发生断裂。随后,顺时针匀速旋转,直至穿透树皮及木质部抵达树木的髓心。接着,将探针沿锥管壁插入筒中,反转半圈切断树芯。再小心地向外拔出,获得该树的树芯样品。考虑到树芯样本较脆弱、易断裂，且树皮容易脱落，从生长锥中取出的时候要格外仔细，及时放入 PC 管中，并使用美纹纸进行封口保存，记录好样本编号。在封存时要适当留出一些通风口以防止所取样芯发霉。填好采样记录表，及时记录古树的位置信息（经纬度、海拔）及树木生长信息（树高、胸径、冠幅）等内容（表 8-1）。

表 8-1 采样信息记录

编号	地点	采集时间	取样部位	树种	年代信息	树轮信息		
						树皮	边材	髓心

采样时一般垂直入钻，尽量保证方向正对着髓心（图 8-2），一般情况下一棵树木采集一根样芯，但是在样芯质量不好，样条破碎化严重的情况下可以调整取样的方向再次钻取树芯。取出树芯后需使用愈合剂涂抹洞口，以促进伤口愈合，防止病虫害入侵。

图 8-2 生长锥取样

2. 实验室样品预处理

实验室样品预处理包括粘样、风干及打磨样品。样品带回实验室后，首先是进行粘样工作。具体操作为：将样芯从塑料管中取出，用白乳胶逐一将每根样芯固定在带有槽沟的木槽里。粘样时要注意将样芯横切面朝上即木纤维方向与槽面垂直，然后用绳子或美纹纸将其固定，木槽上标记样芯编号信息。对于已经断裂的树芯样本，需要格外注意断芯两端接口的纹路，对齐断芯的切面，依次完好固定。

样芯粘贴固定完成后，将其平整地放置在干燥通风处晾置一段时间，使样芯与白乳胶在自然状态下风干，一般为 1~2 d 即可；待树芯样本完全风干后，拆除美纹纸，采用不同粒度的磨砂纸逐级打磨。通过逐级打磨，树轮的分界线在显微镜下变得清晰可见。这一过程中，要注意打磨顺序，先使用 240 目和 360 目的磨砂纸进行粗打磨，使树芯形成初步的平面，再使用 400~800 目的磨砂纸对树芯进一步抛光打磨，直至在显微镜下能清晰看见年轮线及年轮细胞样芯（图 8-3）。

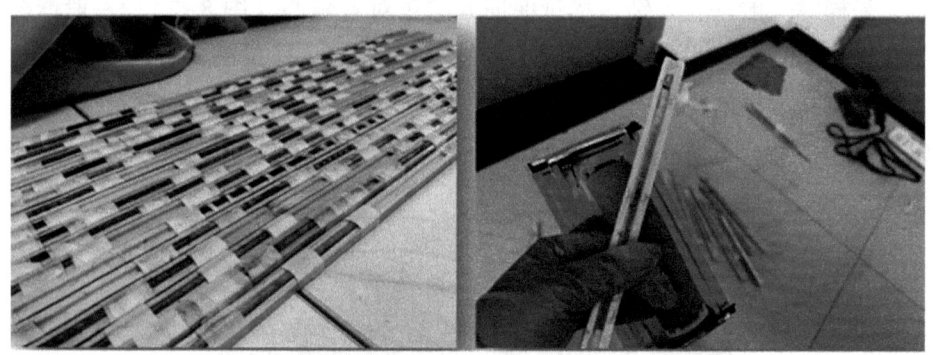

图 8-3　样品实验室预处理流程

3. 测量、标记年轮

使用 Lintab 6.0 树木年轮工作台对样芯的年轮宽度进行逐年测量（图 8-4）。依据采样时间确定最外一轮年份，使用 TASP 软件，从树皮向髓心方向逐轮进行年轮宽度测量。在进行测量时，应尽可能确保树轮分界线与目镜中的"十"字形标记的竖线精准对齐。随后，匀速缓慢转动年轮工作台的转轮，使样芯平稳移动。直至"十"字形标记的竖线再次与年轮分界线重合时，停止转动，踩动踏板。以 0.001 mm 测量精度，精准测量出当年晚材外边缘到上一年晚材外边缘之间的垂直距离,即每年树木径向生长的轮宽,并记录每年的轮宽数据,以折线图形式展现轮宽序列的时间变化特征。测量的同时使用铅笔在样芯上进行标记,在整 10 年处、50 年处、100 年处分别标记 1 个、2 个、3 个圆点,依次向后标记,以便于后续交叉定年工作的展开。

图 8-4　测量及标记年轮

4. 交叉定年

交叉定年的基本原理是利用同一气候区域不同个体间的生长存在相似性。同一气候区域的树木在生长过程中会出现生长的相似性,特别是在遇到极端气候或逆境时。通过比较不同个体生长的宽窄变化,特别是极端窄年的变化,可以确定每一个年轮所在的准确年份,从而完成交叉定年。交叉定年可分为以下步骤。

(1) 进行初步的交叉定年。根据样芯最外一年的解剖特征,先确定出靠近树皮的最外一年的年轮的形成年份,并从树皮侧开始向样芯中心依次计数,每逢整 10 年标记一个圆点,整 50 年标记两个圆点,整 100 年标记 3 个圆点(图 8-5)。

(2) 建立"骨架图",列表定年。利用 Excel 表将树木年轮序列中较窄的年轮挑选出来,作为特征年,在 Excel 中相对应的年份位置上标注"*",用"*"的多少代表年轮的窄度,越多表示越窄,一般最多有 5 个星号;

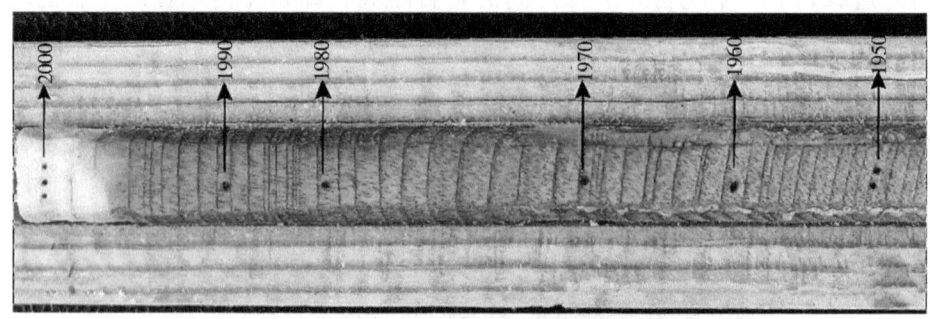

图 8-5 初步交叉定年

或树轮的宽度在网格纸上用竖线的长度表示，网格纸每一横格表示一年。树轮越窄，在网格纸上画的竖线就越长（图 8-6）。通过进行交叉比较，对比不同树木之间的宽窄变化，可以初步确定可能出现的伪轮以及发生确实年轮的情况，从而确定每根树芯中每个年轮生成的确切年份。另外，样芯情况相对简单时，也可根据宽度测量软件 TSAP 中产生的折线图，直接比较曲线的变化进行交叉定年或验证上述交叉定年的准确性。

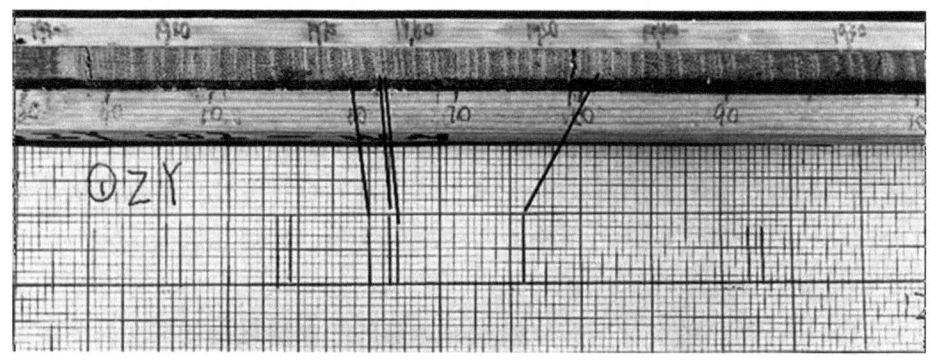

图 8-6 画"骨架"

（3）计算定年。这一过程是借助 COFECHA 软件进行。COFECHA 软件程序的原理主要是利用 Pearson 相关系数作为检验指标，基于样芯定年片段应与对应的主序列片段相关性最高这一假设，分段滑动计算并检验样芯宽度序列与主序列之间高频变化的一致性，从而排除测量错误、伪年轮、丢失年轮的可能性，给出定年是否正确，是否存在错位等提示。将测量出的年轮宽度数据运行 COFECHA 程序，根据程序输出的提示信息，可将样芯再次放在显微镜下检查找出问题，并解决所出现的测量错误及伪轮、缺轮等问题。对于最终无法进行准确定年的个别样芯可以剔除，整理汇总好完成的定年数据，进行下一步的数据分析工作。

5. 确定树龄

依据采集的树芯是否到达树木的髓心，可采用以下 3 种估算方法对每株古树的年龄进行鉴定。

（1）具有髓心的样芯（图 8-7a）。此类树芯从最外生长轮到髓心之间年轮的数量即为树木年龄，交叉定年后的树龄即为实际精准树龄，无须估算。

（2）具有近髓心圆弧特征的样芯。这类样芯需要测量最内轮的圆弧弦长（l）和弦高（h），根据以下公式计算出圆弧到髓心的距离（r）：

$$r = \frac{h}{2} + \frac{l^2}{8h}$$

若距离髓心较近，使用本样芯最内十轮生长速度，根据公式 $n = \frac{r}{x}$ 估算树龄，其中 x 为缺失年轮平均宽度，n 为缺失年轮数量（图 8-7b）。

若距离髓心较远，根据与本树年龄相近的已确定树龄样芯的内轮生长速度进行估算（图 8-7c）。

（3）无髓心或近髓心圆弧特征的样芯（图 8-7d）。这类样芯是由于树木半径大于生长锥长度，或因树木出现中空或腐朽等一些原因导致所采集的树芯距离髓心还有一段距离。这段"丢失距离"（d）可使用树木半径与轮宽总长的差值计算获得。挑选统计轮宽总长与树木半径相近的样芯，计算其最内 1 cm 的平均生长轮数，得到平均每 1 cm 生长轮数，以此为缺失年轮平均速度（x），根据公式 $n = \frac{d}{x}$ 估算树龄。

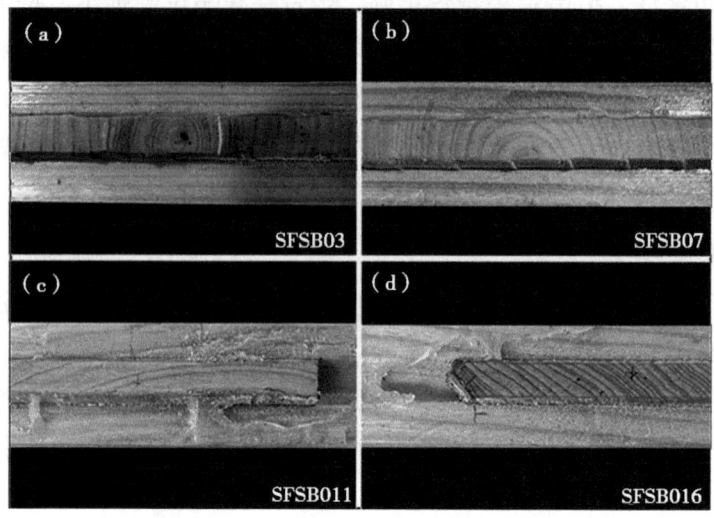

图 8-7 不同定龄方法的样本示意图

五、实验报告

根据不同树芯取样情况,利用树木年轮学方法鉴定树龄,撰写实验报告。

六、思考题

(1) 为什么需要交叉定年?
(2) 根据树龄鉴定情况,分析树龄鉴定产生误差的原因。

实验九　古树叶片及枝条密度调查

一、实验目的

古树的枝叶密度反映了古树的生长和健康状况,是对古树进行健康诊断及养护的重要参考指标之一。通过学习测定古树叶片及枝条密度的方法,理解古树叶片及枝条密度测定的原理,掌握测定古树叶片及枝条密度实验的技术要领。

二、实验材料、工具

1. 材料

古树或大树。

2. 工具

卷尺、计数器、标签、记录表、无人机或高分辨率相机。

三、实验原理

测量单位长度下叶片数量和单位面积或体积下枝条的数量或长度,从而计算古树枝叶密度。

四、实验内容与方法

1. 调查前准备

（1）古树基础信息采集及选择

查阅档案获取树种、树龄、胸径、冠幅、历史病虫害记录等。

（2）样方设置

按树冠方位（东、南、西、北）分层（上、中、下）设置样方，确保样本分布均匀。根据树冠大小设置样方，通常为 1 m×1 m×1 m 的立方体（体积法）或 1 m×1 m 的平面（面积法）。样方数量：根据古树健康状况，每个方位（东、南、西、北）设置 1~3 个样方。按树冠层级（上层、中层、下层）分别设置样方，确保覆盖整个树冠。

2. 叶片密度调查

（1）选择枝条

选择当年生枝条进行调查。当年生枝条通常颜色较浅、表皮光滑，未木质化或木质化程度较低。每个方位（东、南、西、北）选取 3~5 条当年生枝条，确保选择的枝条具有代表性。

（2）测量枝条长度（SL）

使用卷尺测量枝条基部到顶端的长度（单位：cm）。若枝条有弯曲，可分段测量后累加。在记录表（表9-1）上记录每条枝条的长度（SL），精确到 0.1 cm。

表9-1 叶片密度调查

枝条编号	方位	层级	枝条长度 (SL) /cm	叶片数量 (LN) /片	叶密度 (DLN) / (片/cm)	备注
001	东	上层				
002	南	中层				
003	西	下层				
…						

(3) 统计叶片数量（LN）

从基部到顶端逐片计数枝条上的叶片数量。若叶片脱落，可通过叶痕判断原始叶片数量。在记录表（表9-1）上记录每条枝条的总叶数（LN）。

(4) 计算叶密度（DLN）

根据公式：DLN=LN/SL，计算每条枝条的叶密度。

计算每个方位及全树的平均叶密度，分析健康情况。

（示例：若一条枝条的 LN = 20 片，SL = 50 cm，则 DLN = 20/50 = 0.4 片/cm。）

3. 枝条密度调查

(1) 测量枝条数量

在样方内统计所有枝条的数量（包括主枝、次级枝和小枝）。若枝条交叉或重叠，按实际数量计数。用卷尺或激光测距仪测量样方内每条枝条的长度（单位：cm）。若枝条弯曲，可分段测量后累加。在表格中（表9-2和表9-3）记录每个样方内的枝条数量及总长度（单位：条）。

表9-2 体积法枝条密度调查

样方编号	方位	层级	样方/m³	枝条数量/条	枝条总长度/cm	枝条数量密度/(条/m³)	枝条长度密度/(cm/m³)	备注
001	东	上层						
002	南	中层						
003	西	下层						
…								

表9-3 面积法枝条密度调查

样方编号	方位	层级	样方/m²	枝条数量/条	枝条总长度/cm	枝条数量密度/(条/m²)	枝条长度密度/(cm/m²)	备注
001	东	上层						
002	南	中层						
003	西	下层						

(续表)

样方编号	方位	层级	样方/m²	枝条数量/条	枝条总长度/cm	枝条数量密度/(条/m²)	枝条长度密度/(cm/m²)	备注
…								

(2) 计算枝条密度。

①体积法（单位体积内的枝条数量或长度，见表 9-2）

枝条数量密度：枝条数量密度 = 样方内枝条数量/样方体积，单位：条/m³。

枝条长度密度：枝条长度密度 = 样方内枝条总长度/样方体积，单位：cm/m³。

②面积法（单位面积内的枝条数量或长度，见表 9-3）

枝条数量密度：枝条数量密度 = 样方内枝条数量/样方面积，单位：条/m²。

枝条长度密度：枝条长度密度 = 样方内枝条总长度/样方面积，单位：cm/m²。

4. 注意事项

(1) 季节选择：在生长期（5—9月）进行调查，确保枝条发育完全，避开极端天气。

(2) 注意古树特殊性：树洞、气生根等特殊结构需单独记录，避免干扰。

(3) 样本代表性：确保样本覆盖树冠不同方位和层级，避免误判。

五、实验报告

制定古树叶片及枝条密度调查计划，填写表 9-1、表 9-2、表 9-3。比较东、南、西、北 4 个方位的枝条密度。比较树冠上、中、下层的枝条密度。根据测定结果，撰写对古树开展树冠整理的工作方案。

六、思考题

(1) 不同健康程度的古树枝叶密度有何差异？

(2) 古树树冠不同方向枝条长度和叶片密度有何差异？

实验十 古树胸径、树高和冠幅检测

一、实验目的

生长状况是反映古树健康状况的重要指标。胸径、树高和冠幅可以反映出古树的生长状态和长势。在本实验中，通过学习胸径、树高和冠幅的测定原理，及测树工具的使用方法，掌握测定古树胸径、树高和冠幅的技术。

二、实验材料、工具

1. 材料

古树或大树。

2. 工具

布鲁莱斯测高器、测树围尺、轮尺、皮尺。

三、实验原理

1. 胸径测量

树干直径是指垂直于树干轴的横断面（圆形）的直径，测量单位为厘米（cm），精确到0.1 cm。从根颈到树梢，树干直径呈现由大到小的变化规律，其中位于距根颈1.3 m的胸高处的直径称为胸高直径，简称胸径。根颈是指树木根系与树干的连接处，在进行野外调查时，为了简化工作，一般从地面起算。对于较细的古树,可使用测树围尺和轮尺测定胸径,对于超出测树围尺和轮尺量程范围的较粗古树,则可使用长卷尺测出胸高处的周长(胸围),再计算胸径。

2. 树高测量

树高是指从树干根颈处至树干顶梢的长度,测量单位是米(m),精确到 0.1 m。对于相对比较矮小的树木,可使用长杆直接测定,但由于古树一般较为高大,需要使用专门工具进行测定。根据三角函数原理设计的布鲁莱斯测高器是最常用的测高工具。

3. 冠幅测量

冠幅是指树木树冠的宽度。在古树调查中,通常使用皮尺测量东西和南北两个方向上树冠边缘投影点之间的长度,取平均值作为该古树的冠幅。

四、实验内容与方法

1. 胸径测定

(1)测树围尺法

测树围尺有布围尺、钢围尺和蔑围尺 3 种,目前使用较多的为钢围尺,规格为 2 m(图 10-1)。围尺上标有两种刻度,除标有普通米尺刻度外,还

图 10-1 测树围尺

标有对应于圆周长的直径刻度（图 10-2），可以直接读出树干横断面的直径大小。测量古树胸径时，在胸高处将测树围尺拉紧围绕树干，使围尺围在同一水平面上，而后读数（图 10-2），避免倾斜，否则产生误差。

图 10-2　测树围尺测定树木直径

（2）轮尺法

轮尺构造十分简单，可分为固定脚、游动脚和测尺 3 部分（图 10-3），类似于游标卡尺，测尺的一面为普通米尺刻度，另一面为整化刻度。测量

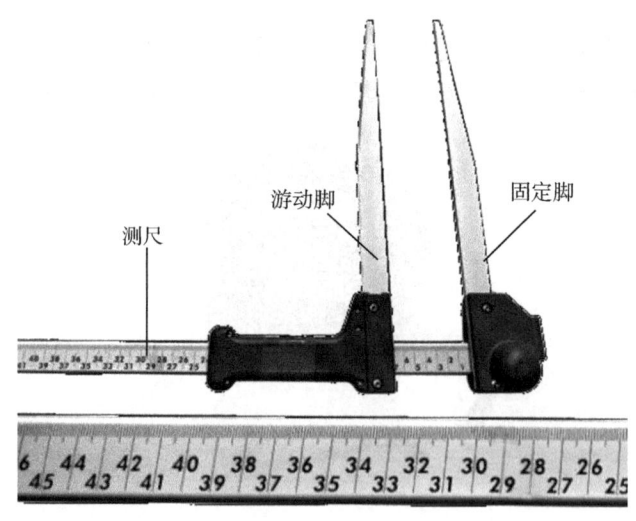

图 10-3　轮尺

古树胸径时,滑动轮尺的游动脚,将轮尺卡在树干胸高处,使轮尺的三个面紧贴并垂直于树干,读出胸径数据后,再从树干上取下轮尺。由于树干不是规则的圆形,须测定胸高断面长轴和短轴两个垂直方向上的数据,然后取平均值作为古树的胸径。

(3) 胸围法

当古树较粗,超出测树围尺和轮尺的测量范围时,可使用长卷尺(图10-4)先测量出古树胸高处的胸围,再根据下面公式计算出胸径。测量胸围时要拉紧卷尺,使卷尺围在同一水平面上,而后读数,避免倾斜。

$$D_{1.3} = C_{1.3}/\pi$$

式中 $D_{1.3}$ 为胸径,$C_{1.3}$ 为胸围。

图 10-4 长卷尺

(4) 注意事项

①胸高处有较大节疤或树瘤的古树,测量时应避开节疤和树瘤,分别在距节疤或树瘤 20 cm 的上方和下方树干处测定直径,取二者均值作为古树胸径,如果节疤>20 cm,则需继续向上和向下延长距离进行测量。

②对于分杈树,如果分杈部位在树干 1.3 m 以上,直接测胸径;如果在 1.3 m 处分杈,则测量分杈下方直径作为胸径;如果从基部分杈,则按 2 棵树分别单独测量记录胸径。

③如果古树位于坡面上,则站在坡上测量;如果古树倾斜,则以斜距为准;当古树大部分根系裸露在地面之上时,测点需取从根颈向上的 1.3 m 处进行测量。

2. 树高测定

树高最常用的测定工具是布鲁莱斯测高器。布鲁莱斯测高器是按三角函数原理设计的测高器,通过正切函数关系测算树高。布鲁莱斯测高器由塑料或金属制成,其部件由启动钮、制动钮、摆针、瞄准器、刻度盘组成(图10-5),刻度盘上标有距树木不同水平距离(如10~30 m)时不同仰角和俯角所对应的高度值。

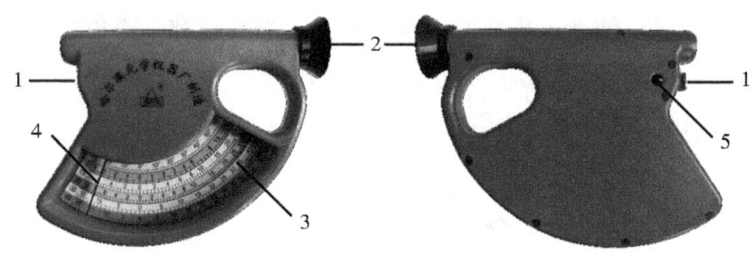

1. 制动钮;2. 瞄准器;3. 刻度盘;4. 摆针;5. 启动钮

图10-5 布鲁莱斯测高器

测量古树树高时,首先选定距古树一定水平距离的测点(在刻度盘范围内),然后分别以下情况测算树高:

在平地上测树高:测者站在测点,按下制动钮,使指针自由下垂摆动,用瞄准器对准树梢后,即按下制动钮,指针固定,而后在刻度盘上读出对应于所选测水平距离的高度值 h,再加上测者眼高 l,即为全树高 H (图10-6)。

在坡地测树高:先用瞄准器对准树梢,在刻度盘上读出对应于所选测水平距离的高度值 h_1,再用瞄准器对准树的根颈,在刻度盘上读出的高度值为 h_2 (图10-7),当两次观测角度正负号相异时(仰角为正,俯角为负),则古树全高 H 为:

$$H = h_1 + h_2$$

若两次观测角度正负号相同,则树木全高 H 为:

$$H = |h_1 - h_2|$$

如果古树较高,在测高器刻度盘所给出的距离范围内,无法测出树高

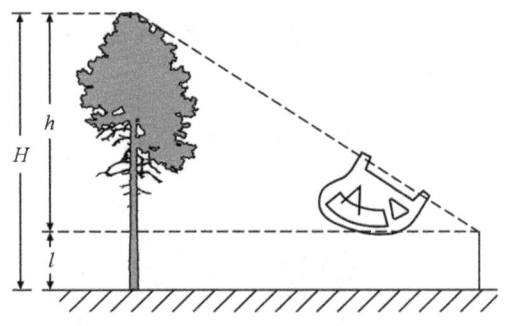

图 10-6　平地上测量树高

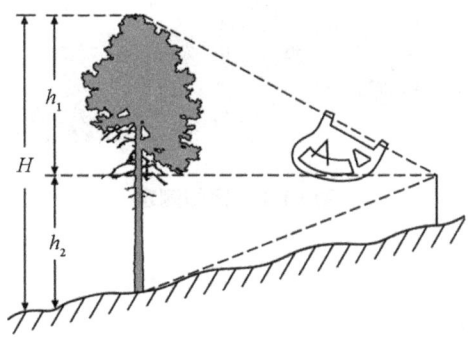

图 10-7　坡地上测量树高

时,则要将测点设置在距古树更远处,量出距古树的距离 S,并记录对准树梢时的仰角和对准根颈时的俯角,根据三角函数原理计算树高 H 为:

$$H = S(\tan 仰角 + \tan 俯角)$$

注意事项:

①在坡地测树高时一定要对准树梢和根颈读两次数,计算树高。

②测高时可先估测树高,测点的水平距离与树高相近时误差较小。

③测定阔叶树时,勿将树冠侧当作树梢。

3. 冠幅测定

冠幅是衡量树木生长状况和空间占用情况的重要指标。使用长卷尺测定冠幅时，首先确定东西和南北向，分别测定两个方向上树冠最外侧垂直投影点之间的距离 L_{ew}（东西）和 L_{sn}（南北）（图 10-8），计算平均值，作为古树的冠幅 CW。公式如下：

$$CW = (L_{ew} + L_{sn})/2$$

图 10-8　冠幅测定

五、实验报告

测定胸径、树高和冠幅后，填写表 10-1，并根据实验内容，撰写实验报告。

六、思考题

（1）使用测树围尺测量胸径应注意哪些误差来源？
（2）其他测定树高的方法还有哪些？

表 10–1　古树胸径、树高和冠幅测定

编号	胸径/cm					树高/m			冠幅/m		
	轮尺		测树围尺	长卷尺		$h(h_1)$	$l(h_2)$	H	L_{ew}	L_{sn}	CW
	第一方向	第二方向	平均	$C_{1.3}$	$D_{1.3}$						

实验十一　古树枝条整理

一、实验目的

枝条整理是树冠整理的一部分，枝条整理的目的是改善古树生长、发育和景观效果，改善古树的透光条件，减少病虫害的发生，并保障人、树安全，使树冠与周围环境相协调。通过练习枝条整理技术，理解枝条整理的原理，掌握枝条整理的时间及操作技术要领。

二、实验材料、工具

1. 材料

需枝条整理的古树或大树。

2. 工具

枝剪、手锯、梯子、愈合剂、防腐剂、熟桐油等。

三、实验原则

古树枝条整理要秉持保护优先、科学性、最小干预以及安全第一的原则。在整理中，避免对古树造成新伤，依据其生长规律，减少不必要修剪，做好安全防护。合理整理古树枝条，既能改善通风透光，减少病虫害，促进其健康生长，又能优化树形，提升景观价值，还能消除安全隐患，保障公共安全，更重要的是能传承历史文化，延续古树承载的岁月记忆与文化信息。

四、实验内容与方法

1. 枝条整理的方式

枝条整理应根据树种特性提前制定枝条整理方案,选择合适时机实施。常见的枝条整理方法有一刀法和三锯法。一刀法适用于修剪细枝软枝,同于常规园林绿化修剪方式;三锯法适用于修剪大枝、粗枝,以及尾枝过重的枝条(如图11-1所示)。如果对大枝、粗枝,以及尾枝过重的枝条采用一刀法会出现伤及树皮的现象(如图11-2所示)。

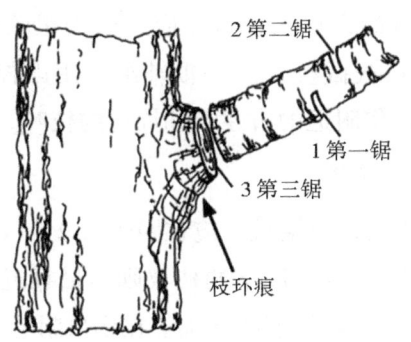

图 11-1 三锯法示意

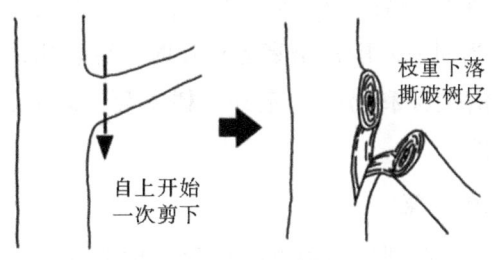

图 11-2 大枝、粗枝错误的枝条整理方式示意

实际操作中根据情况选择合适的修剪方法，如果枝条过长、过重，可分段修剪。对于直径 5 cm 以上枝条，通常采用"三锯下枝法"，在被整理枝条预定切口以外 30 cm 处，第一锯先锯"向地面"做背口，第二锯再锯"背地面"锯掉树枝，第三锯再根据枝干大小在皮脊前锯掉，不留橛。整理时不要伤及古树干皮，锯口断面平滑，不劈裂，利于排水。锯口直径超过 5 cm 时，应使锯口的上下延伸面呈椭圆形，以便伤口更好愈合。松柏类树枝，修剪后伤口愈合慢，可分两步进行修剪。第一步可在主干上留 5~10 cm 的残桩，过 2~3 年残桩枯死，再从活皮层边缘锯除木桩，然后用木凿子将枯死的心木表面凿成低于锯口周边活皮层的形态。所有锯口、劈裂、撕裂的伤口应先均匀涂抹消毒剂，如 5%硫酸铜、季铵铜消毒液等。消毒剂风干后再均匀涂抹伤口愈合剂。

截除古建筑物附近的古树大枝时，应先用较粗的绳子将被截枝吊在高处的支撑物上；同时在被截枝上系一根辅绳，用以控制树枝落地的方向，防止树枝掉落过程中损伤附近的古建筑和周边的枝叶。

2. 断枝、劈裂枝整理

折断残留的枝杈上若尚有活枝，应在距断口 2~3 cm 处修剪，尽可能保留活枝；若无活枝，直径 5 cm 以下的枝杈则尽量靠近主干或枝干修剪，直径 5 cm 以上的枝杈则在保留树型的基础上在伤口附近适当处理。

3. 病虫枯死枝的清理

修剪古树的病虫枯死枝，在树液停止流动季节抓紧清理、烧毁，减少病虫滋生条件，并保护树体。对具潜伏芽、易生不定芽且寿命长的树种（如槐、银杏等），当树冠外围枝条衰老枯死时，可以用回缩修剪进行更新。有些树种根颈处具潜伏芽和易生不定芽，树木死亡之后，应对树体清理并喷刷熟桐油进行保护。

4. 创伤面保护处理

所有锯口、劈裂、撕裂伤口须首先均匀涂抹消毒剂，如 5%硫酸铜、季铵铜消毒液等。消毒剂风干后再均匀涂抹伤口保护剂或愈合剂。

总体来说，枝条整理应遵循下列原则：第一，损伤枝条应剪除受伤部分，枯死枝条应剪除死亡部分；第二，剪口应处理成光滑斜面，活体截面涂伤口愈合剂，死体截面涂伤口防腐剂。

5. 注意事项

（1）必须遵守古树保护法律法规，报相关部门审批。

（2）修剪前必须制定修剪方案。

（3）及时整理有安全隐患的枯死枝、断枝、劈裂枝、病虫枝等。

（4）能体现古树的自然风貌、无安全隐患的枯枝应防腐处理后予以保留。

（5）应力求创伤面最小，以利于伤口愈合。

（6）伤口应及时保护处理，选择具有防腐、防病虫、有助愈合组织形成、对古树无害的伤口愈合剂，并定期检查伤口愈合情况。

五、实验报告

制定枝条整理的实施方案，详细记录操作步骤和细节，观察记录枝条整理后的生长状况，撰写实验报告。

六、思考题

（1）古树枝条整理的目的意义是什么？

（2）古树枝条整理应遵循的原则有哪些？

实验十二　古树疏花疏果

一、实验目的

疏花疏果对改善古树生长条件，减少水分养分消耗，保护古树健康具有重要意义。首先，疏花疏果可以避免过度消耗养分。古树生长多年，其生理机能逐渐衰退，吸收和制造养分的能力相对较弱。开花结果需要消耗大量的养分，通过疏花疏果，可以减少不必要的养分消耗，古树能够将更多的养分用于维持自身的生长和修复、抵御病虫害等生理过程，从而增强树势，延长寿命。其次，疏花疏果可以减轻树体负担。过多的花果会增加古树的承载重量，特别是在果实发育后期，较大的果实重量可能会对古树的枝干造成压力，导致枝干折断或损伤。疏花疏果可以合理控制花果数量，减轻树体的负担，保护古树的枝干结构，降低因枝干损伤而引发的病虫害入侵和树体倒伏等风险。

通过练习疏花疏果技术，理解疏花疏果的作用，掌握科学进行疏花疏果的时期及其操作技术要领。

二、实验材料、工具

1. 材料

需疏花疏果的古树或大树。

2. 工具

枝剪、高枝剪、安全带、梯子、高压水枪、升降车等。

三、实验原则

古树疏花疏果需遵循以树为本、适时适度、均匀分布以及保护树体的原则，依古树树势确定疏除程度，在合适时机适度疏除，保证花与果在树冠均匀分布，操作时避免损伤树体。减少古树花果对养分的消耗有助于古树的营养生长，增强抗逆性。尤其是濒危与衰弱古树难以承受过多花、果带来的养分消耗，应尽早尽多地疏除，大幅降低后续养分消耗，保障树体将有限养分用于恢复树势、维持生命基本活动。对于濒危与衰弱古树，科学疏花疏果是助力其恢复树势的关键手段，对古树保护意义重大。

四、实验内容与方法

1. 观察古树生长状况

在疏花疏果前，仔细观察古树的生长状况，包括树势强弱、花芽和果实的数量及分布情况等。判断古树是否需要进行疏花疏果以及疏除的大致数量和部位。

2. 材料和工具准备

准备好锋利且经过消毒的枝剪、高枝剪等工具，以确保操作的顺利进行和避免对古树的伤害。还需准备好梯子、升降车、安全带等安全防护用具，保障操作人员的安全。

3. 疏花实操

古树树种不同，疏花时间不同。一般在花芽萌动后到盛花期前进行疏花较为适宜。遵循"去弱留强、去密留稀"的原则。用修枝剪或高枝剪小心剪掉要疏除的花芽或花朵，注意不要损伤周围的枝叶和其他花芽。对于一些较高位置的花朵，可使用高枝剪进行操作，确保疏花过程中不对古树造成机械损伤。首先疏除发育不良、弱小、畸形的花芽和花朵，以及生长过密、相互拥挤的花芽和花朵。对于生长在弱枝、枯枝、内膛枝上的花芽和花朵，也应适当疏除，以保证营养集中供应到健壮的花芽和花朵上。如果是濒危与衰弱古树，则不留花，能疏尽疏。

4. 疏果实操

疏果具体时间因树种而异，通常在花后 1~2 周开始进行疏果。用枝剪或高枝剪将需要疏除的果实从果柄处剪掉，注意不要损伤周围的枝叶。对于一些簇生的果实，要适当疏除部分果实，使果实分布均匀，避免果实之间相互挤压。先疏除病虫果、畸形果、小果，保留果形端正、发育良好的果实。根据树势和枝条的承载能力，合理控制果实数量，一般强枝多留果，弱枝少留果；树冠外围和上部多留果，内膛和下部少留果。如果是濒危与衰弱古树，则不留果，能疏尽疏。

5. 不同树种疏花疏果方法及要点

（1）古油松：3 月上旬开始对生长衰弱的古油松球果进行人工剪除，4 月初至 5 月上旬喷水疏除古油松花粉。

（2）古银杏：夏季对结果过多的古银杏树应尽早摘除部分或全部果实，或于花期采用石硫合剂喷洒树冠以减少古银杏树的花粉量和结果量。

（3）古柏树：夏季应及时人工摘除当年新生幼果，防止过多消耗树体营养。

（4）古国槐：初春剪除槐豆荚，6 月初剪除槐花。

6. 伤口处理

对疏花疏果过程中造成的较大伤口，要用伤口愈合剂进行涂抹处理，防止伤口感染病菌，促进伤口愈合。

7. 清理现场

及时清理疏花疏果过程中产生的残花、残果和枝叶等杂物，保持古树周围环境的整洁，减少病虫害滋生的场所。

8. 注意事项

（1）必须遵守古树保护法律法规，报相关部门审批。

（2）疏花疏果前必须制订工作方案。

五、实验报告

制订疏花疏果工作方案,详细记录操作步骤和细节,观察记录疏花疏果后的生长状况,撰写实验报告。

六、思考题

(1) 不同古树树种疏花疏果的工作要点是什么?
(2) 观察疏花疏果后古树的生长情况,并思考疏花疏果对古树健康的作用。

实验十三　树干空腐状况检测

一、实验目的

掌握使用应力波脉冲断层成像仪的方法，能够进行树干空腐检测，学会通过传感器数据采集与分析，计算树干空腐面积占比并评估树木空腐风险等级，为古树健康监测与保护提供技术支持。

二、实验材料、仪器

1. 材料

需要检测树干空腐状况的古树。

2. 工具

卷尺、敲击锤、插针。

3. 仪器

应力波脉冲断层成像仪、安装 ARBOTOM 软件的电脑、传感器及连接电缆（含主干电缆）。

三、实验原理

本实验主要通过应力波脉冲断层成像仪完成测量工作。它是利用传感器插针向树体发射压力波，传感器接收信号后通过电缆传输至主机及电脑软件。每套传感器配备一个振动计和电子稳压器，可适时分析引入的脉冲，用锤子敲击传感器产生压力波，压力波通过木材进行传播，压力波在传感器间传递的时间被记录下来，再通过传感器之间的距离，计算出传播速度。用矩阵形式收集这些脉冲速度，生成线图或面图（图13-1）。软件记录传感器位置、信号传播时间、速度等数据，通过分析不同区域的速度差异（低速区代表可能存在空腐），以数学运算生成线图、面图，进而定位木材缺陷，计算树干空腐面积占比。

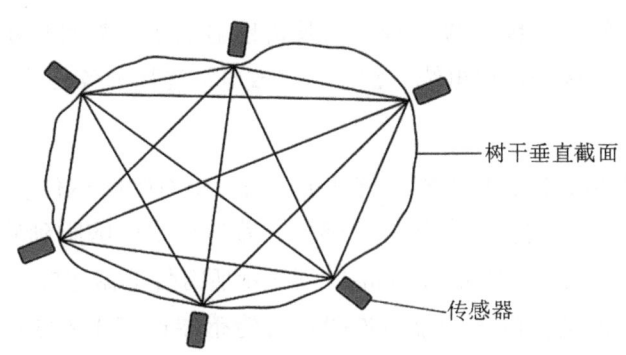

图13-1　传感器脉冲矩阵示意

四、实验内容及方法

1. 测量截面高度和截面围长

测量待检测古树截面的离地高度和树干垂直截面围长。根据树干垂直截面围长，预设传感器分布位置。

2. 安装传感器

（1）确定安装位置。每个传感器之间的实际距离通常控制在15 cm左右，根据截面围长均匀分布传感器数量（可根据实际情况调整），并标记位置。

（2）插入插针。在标记处围绕树干安装传感器插针，务必穿透树皮接触木质部，并牢固附着于树体（插针用于支撑传感器并发射压力波）中。

（3）安装传感器。顺时针将传感器装于插针上，确保传感器 ID 编号升序排列且与插针紧固连接。

（4）连接电缆。用电缆连接各传感器，遵循"上一传感器的 Output 插孔（○）连接至下一传感器的 Input 插孔（△）"的规则。再用主干电缆（5 m 或 10 m）将第 1 个传感器的 Input 插孔与主机相连。

（5）检查连接。打开主机开关，正常状态为除最后一个传感器 LED 灯变黄外，其余传感器 LED 灯变绿。若出现一个或多个黄灯，检查对应黄灯传感器与下一级的电缆连接；若中间某传感器显示黄灯且供电异常，检查该传感器至下一级的连接电缆。注意：修改电缆连接前务必关闭主机。

3. 测量

（1）确保传感器连接正确，打开主机与 ARBOTOM 软件。

（2）传感器识别：轻击任一传感器，若笔记本电脑听到确认声且软件"Positions"工作表的"Sensor name"列显示所有传感器连接，则识别成功；若有传感器未识别，检查传感器连接；若传感器连接无异常，检查笔记本电脑主干电缆连接。

（3）点击软件启动按钮开始测量，根据树种木质部特性，设置测定最大值（可在"Options"中选择）。依次轻击每个传感器（每次测量后，等待确认声信号），测量 5~7 圈以提高检测精度。

（4）查看"Delta%"工作表，若标准偏差> 5%，重复该传感器测量。

（5）按"Ctrl+O"结束测量，选择"2-D"（两种类型）或"3-D"（需至少 2 层传感器）显示图像。

4. 数据处理

ARBOTOM 软件依据公式空腐占比（%）=（低速区面积／树干横截面积）×100 计算树干空腐面积占比，直接读数可得到截面空腐率。结合树高、冠幅评估树木空腐风险等级。

五、实验报告

制订古树树干空腐检测的工作方案，详细记录操作步骤和细节，记录树干空腐检测的结果，撰写实验报告，并填写表 13-1。

表 13-1 古树树干空腐率检测信息

编号				
树牌	①有；②无	*分布特点	①散生；②群状	
位置	乡镇（街道）： 村（居委会）：			
	具体地名：			
	东经： 北纬：			
	生长场所：①中心城区；②城市副中心；③远郊野外；④乡村街道；⑤区县城区；⑥自然保护区；⑦风景名胜区；⑧森林公园；⑨历史文化街区；⑩风貌保护区；⑪历史名园；⑫名人故居			
树牌信息确认				
树种	中文名：		拉丁名：	
	科：		属：	
等级	①一级；②二级；③名木	树高： m	胸围： cm	
冠幅	平均： m	东西： m	南北： m	
古树树干空腐率检测信息	（反映树牌是否悬挂照片，以及树牌正面清晰照片，空腐率示意图）			
	古树整体照片		树牌照片	
	古树树干空腐率示意图 1		古树树干空腐率示意图 2	

六、思考题

（1）实际操作中，哪些因素（如传感器分布密度、温度、树干形状）可能影响应力波脉冲断层成像仪检测的准确性？

（2）利用应力波脉冲断层成像仪测定古树树干空腐状况对古树保护有何指导意义？

实验十四　古树病虫害防治

一、实验目的

通过本实验掌握古树树干病虫害防治的基本原理与操作方法,阻断病原菌和害虫通过树干伤口或裂缝传播的途径。理解物理隔绝与化学防治结合的技术优势,增强对维护古树健康的实践能力。分析不同防治方法的效果差异,培养古树保护的综合实践能力,强化对古树生态价值的认知与责任感。

二、实验材料、工具

1. 测量工具

卷尺、游标卡尺、温湿度计等。

2. 涂抹工具

刮刀、刷子、农药喷雾器等。

3. 防治材料

石灰、石硫合剂、防虫胶等。

4. 保护材料

塑料薄膜、无纺布等。

5. 其他工具

硬毛刷、手套、口罩、安全帽等个人防护用品。

三、实验原理

本实验基于物理防护和化学防护的方法进行古树树干病虫害防治。物理防护主要通过涂白、涂胶封闭树皮裂缝，阻断病虫害入侵路径，调节树干微环境；化学防护主要利用低毒药剂（如石硫合剂、内吸性杀虫剂）趋避、杀灭病原菌或害虫。

四、实验内容及方法

选择 3~5 棵古树，记录古树病虫害类型、虫孔数量、病斑面积及树干周长等，测量温湿度等环境参数。

1. 树干涂白

树干涂白预防枝干病害，使枝干腐烂病和溃疡病、轮纹病的发展受到抑制，防止蛀干害虫在枝干上产卵，减少越冬害虫。除此之外，还可起到预防日灼和冻害，防止枝干水分的散失，延迟芽的萌发，防止野生动物及家畜的啃食，美化风景等作用。

（1）预处理：用硬毛刷清除树干表面的苔藓、老翘皮及虫卵，刮除腐烂、病害部位（刮后需涂抹杀菌剂保护）；根据实际情况，在树干离地 0.5 m 处至第 1 分枝处划定涂白高度范围（通常从基部往上 1.2~1.5 m）。

（2）配制涂白剂：按照生石灰∶水∶食盐∶黏着剂（如油脂等）∶石硫合剂原液＝10∶30∶1∶1∶1 的比例配制。

（3）涂刷：秋末冬初（防冻）或早春（防虫）进行，避开雨天。用宽毛刷自上而下均匀涂抹，重点覆盖主干基部、枝杈缝隙等易受害部位；涂白厚度以覆盖树皮原色为准，避免过厚导致龟裂。操作时戴手套和护目镜，避免生石灰灼伤皮肤或眼睛。

2. 树干涂药包扎

树干涂药包扎，可使药液渗透到木质部导管内，通过植物蒸腾作用均匀输送至树冠枝叶,以防治树干和枝叶上的病虫害,与喷药法相比,具有更省工、省药、污染少、效率高等优点。

(1) 预处理。同上。

(2) 涂药和包扎。在蛀干害虫成虫羽化盛期,用刷子将对应病虫害的目标药剂(如树虫康或蛀虫清 10 倍液,石硫合剂等)均匀涂抹在树干上,以树干充分湿润、药剂不往下流为度,然后用 40 cm 宽的薄膜从下往上绕树干密封,在涂药包扎半个月后,拆除塑料薄膜。

3. 树干涂胶

树干涂胶法主要针对某些具有向上和向下爬树特性的林业害虫。根据这类害虫上、下树的时间,在树干上涂抹粘虫胶进行防治。

具体方法为:在树干上用粘虫胶涂 1 个圆环,涂抹时要把握好环的宽度,防治害虫的数量不多,环的宽度保持在 2~3 cm;当防治害虫的数量较多时,可以把涂抹宽度增加到 3~5 cm,并且涂抹次数也要增加。在此过程中应注意:①避免枯枝落叶等粘在胶环上,从而降低胶环的黏附性;②胶环上已粘满害虫时,应及时清除,并再涂上新胶;③树皮裂缝较大的古树,不适宜使用该方法。

五、实验报告要求

制订古树树干病虫害防治工作方案,详细记录操作步骤和细节,观察记录病虫害防治后古树的生长状况,撰写实验报告,并填写表 14-1。

六、思考题

(1) 古树树干涂白与涂胶防治技术的原理及适用场景有哪些?

(2) 请结合古树的生理特性和常见病虫害类型,分析树干涂白与涂胶方法的优缺点。

表 14-1　古树树干病虫害防治信息

编号					
树牌	①有；②无		分布特点	①散生；②群状	
位置	乡镇（街道）：　　　　　　　　村（居委会）：				
	具体地名：				
	东经：　　　　　　　　北纬：				
	生长场所：①中心城区；②城市副中心；③远郊野外；④乡村街道；⑤区县城区；⑥自然保护区；⑦风景名胜区；⑧森林公园；⑨历史文化街区；⑩风貌保护区；⑪历史名园；⑫名人故居				
树牌信息确认					
树　种	中文名：　　　　　　　　拉丁名：				
	科：　　　　　　　　　　属：				
等级	①一级；②二级；③名木		树高：　　m	胸围：　　cm	
冠幅	平均：　　m		东西：　　m	南北：　　m	
古树树干病虫害防治信息	（反映树牌是否悬挂照片，以及树牌正面清晰照片，病虫害防治前后照片）				
	病虫害类型：		环境参数（温湿度）：		
	古树整体照片		树牌照片		
	古树树干病虫害防治前照片		古树树干病虫害防治后照片		

实验十五　古树叶片叶绿素含量测定

一、实验目的

叶绿素是植物体内最重要的光合色素，参与光合作用中的光能吸收、转移和电子传递等过程，在驱动植物光合作用中发挥着关键作用，与光合作用强弱密切相关，是反映植物生理状态的重要指标。在本实验中，通过学习叶绿素含量测定的原理和方法，学生掌握古树叶片叶绿素含量的测定技术，分析古树健康状况。

二、实验试剂、仪器

1. 试剂及耗材

95%乙醇、碳酸钙、石英砂、研钵、试管、漏斗、滤纸、移液管、量筒。

2. 仪器

SPAD叶绿素仪、分光光度计、电子天平。

三、实验原理

最常用的叶绿素含量测定方法有分光光度法和叶绿素仪法，前者测定的是叶绿素绝对含量，后者测定的是叶绿素相对含量。

1. 分光光度法

根据叶绿素溶于有机溶剂的特性，使用 95% 乙醇浸提出叶绿素。基于叶绿体色素提取液对可见光谱的吸收，因此通过分光光度计测量其在特定波长下的吸光度可计算叶绿素含量。根据朗伯-比尔定律，吸光度与溶质浓度和液层厚度成正比，通过测出的吸光系数计算溶液中叶绿素的浓度，进而推算出叶片叶绿素含量。由于叶绿素主要包括叶绿素 a 和叶绿素 b 两种，并且使用乙醇提取的叶绿素的可见光吸收峰分别为 665 nm 和 649 nm，因此测定叶绿素提取液在两个波长下的吸光系数，可计算出叶绿素 a 和叶绿素 b 的含量，二者相加为叶绿素总含量。

2. 叶绿素仪法

叶绿素仪法是一种便携式、非破坏性的测定叶绿素含量的方法。最常用的叶绿素仪为 SPAD 叶绿素仪（图 15-1），其利用叶绿素分子的特殊结构，通过测量叶片在特定波长范围内的透光系数来确定叶片中叶绿素的相对含量。这种方法不需要破坏叶片结构，只需将叶片夹在测量探头中间，仪器会自动测量叶片在两个波长下的透光系数，并计算出叶绿素的相对含量。叶绿素仪法的优点是操作简单、测量速度快，可以在野外对古树叶片进行实时监测，不影响古树的正常生长。

图 15-1 SPAD 叶绿素仪

四、实验内容与方法

1. 分光光度法

（1）叶绿素的提取：取古树新鲜叶片洗净，用滤纸擦干，去除中脉剪碎。称取剪碎的新鲜样品 0.5 g，放入 20 mL 具塞试管中，加入 5mL 95%的乙醇（塞上塞子，避光保存），摇晃后避光浸提 48 h，中间摇晃 2~3 次，上清液即为叶绿素提取液。

（2）测吸光度：取叶绿素提取液 1 mL，加 95%的乙醇 3 mL 稀释后，在波长 665 nm、649 nm 下测定吸光度 OD_{665} 和 OD_{649}，以 95%乙醇为空白对照；根据以下公式计算叶绿素 a、叶绿素 b 和总叶绿素浓度，单位为 mg/L：

叶绿素 a 浓度 （mg/L）：$C_a = 13.95 OD_{665} - 6.88 OD_{649}$

叶绿素 b 浓度 （mg/L）：$C_b = 24.96 OD_{649} - 7.32 OD_{665}$

总叶绿素浓度 （mg/L）：$C_t = 18.08 OD_{649} - 6.63 OD_{665}$

而后根据提取液体积、稀释倍数和样品鲜重计算叶片叶绿素含量：

$$叶绿素含量（mg/g\ FW）= \frac{叶绿素浓度（mg/L）\times 提取液体积（L）\times 稀释倍数}{叶片样品鲜重（g）}$$

2. 叶绿素仪法

使用 SPAD 叶绿素仪测定古树叶片叶绿素相对含量（总相对含量）。步骤如下。

（1）打开开关，同时按"1 DATA DELETE"键和"DATA RECALL"键，仪器进入检查模式，屏幕立刻出现"CH"，然后转到"CAL"测量状态。

（2）将叶片置于测量探头中间，按下指压台，直到听到一声"哔"声，测量值显示在屏幕上，重复测量 3 次，按"AVERAGE"键，求平均值，作为该叶片的叶绿素相对含量。

（3）测量完毕后，关闭电源。

五、实验报告

测定叶绿素含量,并根据实验内容,撰写实验报告。

六、思考题

(1) 叶绿素 a 和叶绿素 b 的含量比值有何含义?
(2) 如何借助叶绿素仪法获得古树叶绿素绝对含量?

实验十六　古树施肥与补水

一、实验目的

　　古树的施肥管理是通过合理施肥来改善与调节树木营养状况的经营活动。营养与水分是树木生长的物质基础，施肥与补水可保证古树有较好的营养和水分条件，古树的许多异常状况，常与营养和水分不足密切相关。古树多为根深体大的大乔木，生长期和寿命均较长，生长发育需要的养分数量较大，加之古树长期生长于一地，根系不断从土壤中选择性吸收某些元素，外加人为干扰打断生态循环，造成营养元素贫乏。及时补水，合理施肥是促进古树枝叶茂盛，花繁果丰，"延年益寿"的重要措施。通过练习古树施肥与补水技术，掌握古树施肥与补水的程序和方法。

二、实验材料、工具

1. 材料

需施肥与补水的古树。

2. 工具

铲子、锄头、打孔机、水桶、水管、喷雾器、有机肥、复合颗粒肥、微生物菌肥等。

三、实验原则

1. 施肥补水时间

四季施肥浇水工作重点：春季，根据当年气候特点、树种特性和土壤含水量状况，适时浇灌返青水。3月下旬可向常绿古树树冠喷水，清除叶面落尘和部分害虫越冬代卵或幼虫。可结合土壤和树木养分分析结果，进行配方施肥，以施用适量腐熟有机肥为宜。夏季，根据天气状况和土壤含水量，及时浇水并对古树保护范围内土壤进行中耕松土。秋季，根据古树生长状况，做好施肥或叶面喷肥工作，根据天气状况和土壤含水量，适时浇水，防止过早黄叶、落叶。冬季，在11月中下旬土壤封冻前浇灌冻水。

2. 施肥补水技术要求

土壤干旱缺水，应及时进行根部缓流浇水，浇足浇透；当土壤含水量大，影响根系正常生长时，则应采取措施排涝。夏季补水应在清晨或傍晚，此时水温与地温接近，对根系生长影响小；冬季因早晚气温较低，补水宜在中午前后。依据土壤肥力状况和古树生长需要，适量施肥，平衡土壤中矿质营养，可结合复壮沟和地面打孔、挖穴等技术进行。根施肥料应经过充分腐熟。

四、实验内容与方法

（一）古树施肥

1. 施肥前的准备

定期对土壤进行检测，以了解土壤的肥力状况和存在的问题，确定合适的肥料种类和施肥量，相应检测指标包括土壤酸碱度、养分含量、孔隙度等。

（1）肥料选择：根据土壤检测结果和古树养分需求选择合适的肥料；应选用有机肥、复合颗粒肥、微生物菌肥，并按产品说明施用；它们可以改善土壤结构，增加土壤肥力，提供全面的营养元素。

（2）确定施肥时间：不同季节古树对养分的需求有所不同，一般春季和秋季是比较适宜的施肥时间；春季施肥可在树木萌芽前或萌芽初期进行，促进新梢生长和叶片发育；秋季施肥通常在落叶前进行，有助于树木积累养分，增强抗寒能力，为来年生长打下基础。

2. 施肥操作

（1）放射状施肥。从古树树干周围向树冠投影边缘方向挖 4~6 条放射状的施肥沟，沟规格宜长 2~3 m，宽 30 cm，深 60 cm。将肥料与土壤混匀，填入放射沟与原地表齐平（图 16-1）。

（2）切线沟施肥。从古树树冠投影边缘切线方向挖 2 条平行线状的直线施肥沟，沟长视古树冠幅情况而定，宽 30 cm，深 60 cm。将肥料与土壤混匀，填入切线沟与原地表齐平。切线沟施肥尤其适用于较为密集的古树群落（图 16-1）。

（3）穴状施肥。根据根系分布设置施肥穴个数，施肥穴可按照树冠投影边缘内外 2~3 圈，呈同心圆环状分布。每圈挖设 4~6 个穴，穴直径为 10~15 cm，深 50~60 cm。穴状施肥可机械化操作，采用打孔的方式，开穴施肥。这种方法快速省工，对地面破坏小，适合铺装地面中的古树施肥（图 16-1）。

图 16-1　放射状施肥、切线沟施肥和穴状施肥（由左至右）

（4）叶面施肥。对于一些缺乏微量元素或急需补充营养的古树，采用叶面施肥的方式。施肥种类应根据叶片缺素症状选择有针对性的叶面肥,将肥料配制成适当浓度的溶液,用雾滴直径为 300~500 μm 的喷雾器均匀地喷洒在古树叶片的正反面。常用的有磷酸二氢钾以及各种微量元素叶面肥等。叶面施肥应每 10 d 喷 1 次,施肥次数应以达到叶片恢复基本正常为宜。空气湿度大些喷施效果好,一般在阴天或傍晚进行,避免在高温强光时段施肥,以免造成叶片灼伤。叶面施肥可与病虫害防治结合进行。

3. 施肥后管理

施肥后要及时浇透水,使肥料能够充分溶解并随水分渗透到土壤中,便于古树根系吸收。同时,浇水也可以防止肥料浓度过高对根系造成伤害。同时要密切观察古树的生长状况,包括叶片颜色、新梢生长情况、开花结果等方面的变化,记录施肥效果。

(二) 古树补水

1. 补水的方法

(1) 土壤浇水。采用树盘补水方式,以树干为圆心,在树冠边缘投影处用土壤围成圆形树堰,水在树堰中缓慢渗入地下。人工浇灌属于局部补水,补水前应疏松树堰内土壤,使水容易渗透,补水后耙松表土以减少水分蒸发。

借助古树周围的地下复壮设施,如通气管、复壮井和渗水井等,进行补水。使水向周边土壤扩散,进而浸润古树根区土壤。地下补水具有蒸发量小、节水等优点。

(2) 叶面喷水。树木出现生理干旱时应进行叶面喷水;喷水时间应选择晴天的上午或者下午,不应在炎热中午;叶面喷水宜选用清洁水;使用喷雾器,均匀喷洒树冠。

2. 古树补水应注意问题

(1) 补水宜在早晨或傍晚,适时适量。

(2) 干旱时追肥一定要补水,且灌饱浇透,否则会加重旱情。

(3) 北方地区 9 月中旬以后应停止补水,以防树木徒长,降低树木的抗寒性。

五、实验报告

制订古树施肥补水工作方案,详细记录操作步骤和细节,观察记录施肥补水后的生长状况,撰写实验报告。

六、思考题

(1) 古树施肥补水的要点有哪些?
(2) 古树施肥与幼树施肥的区别有哪些?

实验十七 幼树靠接

一、实验目的

本实验旨在通过古树与幼树的靠接，实现树体组织的融合，增强古树自身水分和养分供应，从而促进古树复壮。幼树靠接能使古树与幼树形成新的联合系统，共享养分和水分，恢复古树活力。

二、实验材料、工具

1. 实验材料

选择根系衰弱的古树作为幼树靠接的对象。通常要求幼树与古树为相同或亲和性高的树种（优先选用古树的同种苗木）。例如，古银杏复壮可选用健壮的银杏幼树，古玉兰可选用玉兰幼树。古树树种应具备较强的伤口愈合能力，以确保靠接后能尽快愈合接点。幼树需根系发达、无病虫害，树干略弯曲有利于靠接操作。

2. 工具

嫁接刀、枝剪、愈合剂、嫁接蜡、湿布、绑扎材料等。

三、实验原理

幼树靠接的核心在于将两株亲缘关系近的木本植物的形成层紧密贴合，逐渐生成新的愈伤组织并形成完整的维管通路。接合成功后，幼树根系可帮助古树吸收水分与养分，缓解古树原有根系衰弱导致的营养供应不足，最终达到古树复壮目的。

四、实验内容与方法

1. 古树处理

靠接前对古树进行基础复壮处理。清理古树基部环境，疏松土壤并在古树树干周围改良土壤，必要时添加有机质以提高古树根际土壤肥力和通透性。适当浇水、施肥，确保古树和待栽幼树有良好的水分养分条件。检查古树需靠接部位的树皮和木质部健康状况，清除腐朽组织，处理伤口减少感染源。

2. 幼树栽植及培养

在古树附近挖穴栽植选定的幼树苗木。幼树栽植位置应紧靠古树主干或需复壮的主根处，株数和位置可根据古树周边环境选择（可在古树周围栽植2~3株幼树，以实现多点靠接）。栽植时注意保护幼树根系，栽后踩实土壤并浇透水，使幼树尽快恢复生长（最好选择容器育苗培育的幼树）。为使幼树达到适合靠接的粗度和高度，可提前1~2年进行培育管理（肥水管理、整形引导使其树干朝向古树生长）。当幼树长势良好且高度、胸径达到靠接要求时，进行靠接。

3. 靠接时机选择

在古树和幼树开始萌动、形成层活动旺盛的季节进行靠接。一般在春季或秋季开展，有利于愈合生长。避开雨天和高温干燥期，以减少接口处感染和失水。

4. 靠接方法

将幼树与古树需要靠接的部位拉近并固定好（可用绳索或支架固定幼树，使其待靠接部位紧贴古树相应部位）。本实验采用侧靠接法进行幼树靠接操作，具体如下。

（1）选择古树和幼树高度相近的部位作为靠接点，通常在古树主干基部或主枝上，以及幼树主干相对应高度处。在两树接触的部位，先用嫁接刀在古树和幼树的树干上各削去一段树皮，形成椭圆形削面，露出新鲜形成层。削面应平滑，且古树和幼树的削面大小吻合。

（2）将两树削面的形成层紧密贴合对齐，使之严密吻合。贴合后，固定两树使接合面不移位的同时，用塑料绑带自下而上缠绕绑紧接口，确保削面完全贴合、不留缝隙。

（3）用塑料薄膜将接口严密包裹并绑扎，保湿防菌。必要时可在接口外围涂抹愈合剂或嫁接蜡封护。完成后，在靠接口的上方和下方分别绑扎支架或绳索，将幼树牢牢固定在古树上，防止风摇或人为触动导致接口错位（图17-1）。

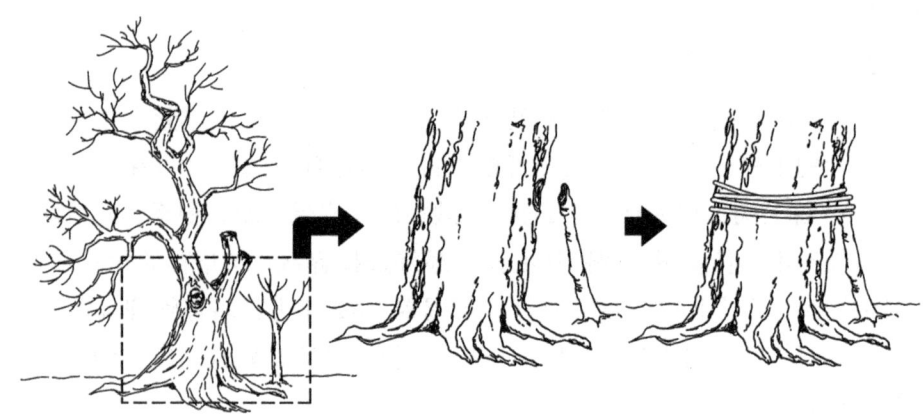

图 17-1 靠接嫁接

5. 靠接后的养护管理

靠接完成后，在接口下方的幼树基部和古树根部浇足水，以提供充足水分。用湿润的麻布或薄膜包裹接口周围并保持湿润。靠接口处应遮阴避免暴晒。定期检查绑扎物松紧，保证接口紧密又不致过度勒伤。整个生长季保持土壤湿润并适当施薄肥，促进愈合组织形成。幼树如有萌发侧枝应及时剪除，以集中养分促进靠接部位融合。靠接当年禁止对古树和幼树施加剧烈机械应力；必要时在古树大枝外部设置临时支撑以减轻接口受力。

做好防病虫措施和日常巡查,确保靠接部位不受害虫侵扰和病菌感染。如靠接成功且长势稳定,可在愈合1~2年后视情况剪除幼树在靠接点以上的部分(避免幼树自身长成独立大树),使幼树养分主要输送给古树。同时,古树原有根系保留,幼树根系供给古树养分,两者融合后形成"一木连理"的复壮格局。

6. 注意事项

(1)嫁接刀要锋利,削面要光滑,以减少伤口愈合时间。幼树和古树切口大小要匹配,至少保证一侧形成层对齐,提高成活率。

(2)靠接部位选择合理,避免过度木质化。幼树应选择主干或侧枝木质化适中的部位进行靠接,古树应选择健康无病害的树干或主枝,避免在腐朽部位靠接。

(3)绑扎紧密,防止接口移位。采用塑料绑带包裹接口,绑扎时需确保紧密贴合但不勒伤树体,防止接口干燥或移位影响成活。

(4)防止感染,加强靠接后管理。操作前工具需消毒,避免触碰切口,减少病菌感染风险。靠接后保持接口湿润,避免阳光直射,适时检查绑扎情况,并定期记录愈合进程。

五、实验报告

制订幼树靠接工作方案,详细记录操作步骤和细节,观察记录幼树靠接后的生长状况,撰写实验报告。

六、思考题

(1)在进行幼树靠接时,幼树和古树靠接部位的选择对幼树靠接的成败有哪些主要影响?

(2)通过幼树靠接进行古树复壮相比其他古树复壮方法有哪些优点?

第二部分 实 习

实习一　古树历史文化信息调查

一、实习目的

（1）培养收集、整理、挖掘古树历史文化信息的能力。

（2）增强古树保护的责任感和使命感，为从事古树保护相关工作奠定基础。

二、实习材料、仪器

1. 材料

调查区域地图、古树信息登记表、相关历史文献资料（地方志等）。

2. 仪器及工具

便携 GPS 定位仪、铅笔、橡皮、垫板。

三、实习内容及方法

通过地方志、历史档案、古籍文献、学术论文等资料，梳理古树的历史记载和文化背景；对古树及其周边环境进行实地勘察，记录古树的生长状态、地理位置及其与周围建筑、景观的关系；对当地居民、文化学者、历史专家等进行访谈，收集与古树相关的口头历史、民间传说和社区记忆；拍摄古树的照片、视频，记录其形态特征及周边环境，作为历史文化调查的辅助资料。具体内容如下：

1. 古树基本信息

填写古树基本信息,包括古树编号、名称、地理位置、定位,要求如下:

(1) 古树编号:按照当地园林绿化局颁布树牌格式填写。

(2) 古树名称:如古树有俗称(如"白袍将军"、"状元槐"),记录俗称及植物学名称;若无,记录其植物学名称。

(3) 地理位置:古树所在的具体位置,包括省、市、区、街道、村落等详细信息,便于定位。

(4) 经纬度:通过 GPS 设备记录古树的具体经纬度坐标,确保地理位置准确无误。

2. 历史背景

填写古树相关历史背景资料,包括树龄及栽植年代、与其相关的历史人物、历史事件及历史文献,要求如下:

(1) 树龄及栽植年代:按照树牌填写古树树龄及栽植年代;对于树龄有疑问的古树,可在其后标注估测树龄及栽植年代,此树龄可通过文献记载、回归估测等方法获得。

(2) 历史人物:与古树相关的历史人物,如古树栽植人、古树保护人等。

(3) 历史事件:与古树相关的重大历史事件,例如,古树见证了某位历史人物的活动,或与某历史建筑、遗址相关。

(4) 历史文献:记载古树的历史文献或资料;包括地方志、古籍、碑文、档案等,需注明文献名称、作者、出版时间等信息。

3. 文化价值

填写古树文化价值相关信息,包括文化象征、民间传说、文化活动,要求如下:

(1) 文化象征:古树在地方文化中的象征意义,例如,是否被视为"风水树"、家族象征或地方图腾等。

(2) 民间传说:与古树相关的民间故事或传说,例如,古树是否被认为是某位人或物的化身等。

(3) 文化活动：古树见证的当地文化活动，例如，是否作为传统节日、祭祀活动、祈福仪式的场所等。

4. 古树保护

填写古树保护相关信息，包括公众参与、社区记忆、社区活动，要求如下：

(1) 公众参与：公众参与古树保护与利用的情况，例如，是否有专门的保护组织或志愿者团队，是否有古树认养、古树捐助等活动。

(2) 社区记忆：社区居民对古树的记忆与情感，例如，古树是否承载了社区居民的共同回忆，是否被视为"风水树"或"镇树"等。

(3) 社区活动：围绕古树开展的社区活动，例如，是否举办过与古树相关的文化节、摄影展或学术研讨会等。

5. 调查方法

记录文化挖掘采用的主要方法，包括实地考察、文化查阅、访谈记录：

(1) 实地考察：实地考察的具体方法和过程，例如，是否使用测量工具记录古树的胸径、树高，是否对周边环境进行了详细勘察。

(2) 文献查阅：查阅的文献资料及其来源，例如，是否查阅了地方志、古籍、学术论文等，需注明文献名称、作者、出版时间等信息。

(3) 访谈记录：访谈对象及其主要观点，例如，访谈了哪些社区居民、文化学者或历史专家，他们提供了哪些有价值的信息。

6. 结论与建议

对古树历史文化实习进行总结，包括结论、建议：

(1) 结论：对古树历史文化价值进行归纳、概括和总结，例如，古树在地方历史和文化中的重要性。

(2) 建议：针对古树文化保护与传承的具体建议，例如，是否需要加强社区宣传、科普教育等。

7. 附录

填写其他调查相关信息，包括照片、地图、参考文献：

（1）照片：古树的照片及其说明，包括古树的全貌、细节特征（如树皮、枝叶、花果）及周边环境、古树文化解说牌（如有）等。

（2）平面图：古树所在位置的平面图，可使用手绘地图或电子地图，标注古树的具体位置及周边环境。

（3）参考文献：引用的文献资料列表，需按照学术规范注明文献的作者、标题、出版时间等信息。

四、实习报告

调查 3 棵（每个树种选择一株代表古树）古树历史文化信息，并填写古树历史文化调查表（表 18-1）。

五、思考题

（1）古树的历史文化信息对其保护有何重要意义？
（2）举例说明某棵古树的历史文化特征如何影响其保护方案。

第二部分 实 习

表 18-1 古树历史文化调查

一　古树基本信息			
古树名木编号：		所属区（县）：	
树　种：	中文名：		别名：
学　名：	科：		属：
位　置：	乡镇（办事处）： 村（居委会）：		小地名：
二　历史背景			
调查内容	调查内容来源	调查结果	
树龄及栽植年代			
相关历史人物			
相关历史事件			
相关历史文献			
三　文化价值			
调查内容	调查内容来源	调查结果	
文化象征			
民间传说			
文化活动			
四　古树保护			
调查内容	调查内容来源	调查结果	
公众参与			
社区记忆			
社区活动			
五　调查方法			
六　结论与建议			
七　附录			
照片			
地图			
参考文献			

实习二　古树游览价值评价

一、实习目的

（1）通过实地调查和数据分析，掌握古树游览价值的评价方法。

（2）通过对古树观赏价值、历史文化价值、生态价值、社会价值和与游客互动性的综合评价，培养学生的综合分析能力和实践操作能力。

（3）增强对保护古树重要性的认识，理解古树在生态、文化和社会中的多重价值。

（4）理解游览价值评价对后续古树保护方案科学制定的重要意义。

二、实习材料、仪器

1. 材料

实习区域内古树的相关资料（包括之前调查的历史文化信息等）、游客调查问卷。

2. 仪器

相机、笔记本电脑（用于数据处理和分析）。

三、实习内容及方法

首先记录调查古树相关信息；其次对单棵古树游览价值评价的多项数据进行调查和记录，可通过专家咨询或发放问卷的形式提升评价准确度

(表19-1),具体内容如下。

1. 确定评价指标

确定古树游览价值评价指标,包括古树的观赏价值、历史文化价值、生态价值、社会价值,以及游客的互动性等,可根据专家意见、实际情况调整指标。

2. 权重确定

可根据专家意见、实际情况对各指标权重进行调整。

3. 实地调查与评分

实地观察古树,按照评价指标对古树进行评分;同时,在古树景点发放游客调查问卷,收集游客对古树游览价值的评价。

4. 数据处理与分析

利用统计软件对调查数据进行处理和分析,计算出每棵古树的游览价值综合得分。

四、实习报告

选择调查区域内10棵重点古树,发放调查问卷,对其游览价值进行综合评价。根据其游览价值提出差异化的古树保护与活化利用策略。

五、思考题

(1) 古树游览价值评价中,观赏价值、历史文化价值、生态价值和社会价值之间的关系是什么?如何平衡这些价值以实现古树的可持续利用?

(2) 在古树游览资源评价过程中,如何确保评价结果的客观性和科学性?

(3) 针对评价结果为"较差"的古树,你认为应采取哪些具体的保护措施?

(4) 古树游览资源的开发利用可能面临哪些挑战?如何解决这些挑战?

(5) 结合实习内容,谈谈你对古树保护与利用的未来发展方向的理解。

表 19-1 古树游览价值评价

古树名木编号：		所属区（县）		
树　种：	中文名：		别名：	
学　名：	科：		属：	
位　置：	乡镇（办事处）：村（居委会）：		小地名：	

古树游览价值评价				
一级指标	二级指标	评分	权重	得分
观赏价值（30%）	整体规格（高大挺拔、具有震撼效果）	1~5	20%	
	树形美观度（形态独特、造型优美）	1~5	25%	
	树冠形态（冠幅宽阔、枝叶茂密）	1~5	15%	
	树皮纹理（纹理清晰、具有沧桑感）	1~5	15%	
	季相变化（四季景观变化明显）	1~5	10%	
	环境美观度（环境整洁、与古树协调）	1~5	15%	
生态价值（10%）	生长势（健康）	1~5	60%	
	生态功能（固碳释氧、水土保持）	1~5	40%	
历史价值（30%）	树龄（历史悠久）	1~5	40%	
	历史传说（与历史人物或事件相关）	1~5	40%	
	文化象征（某种文化精神象征）	1~5	20%	
社会价值（20%）	教育意义（作为科普教育或文化传承载体）	1~5	50%	
	社会知名度（知名度、美誉度高）	1~5	50%	
与游客互动性（10%）	导览、解说设施（设施完备、美观、内容丰富）	1~5	60%	
	可接近性（容易接近古树）	1~5	40%	
总分（100%）				

评分说明：

1 分：极差（完全不满足指标要求）

2 分：较差（部分满足指标要求）

3 分：一般（基本满足指标要求）

4 分：良好（较好满足指标要求）

5 分：优秀（完全满足指标要求）

评价等级：

90 分以上：优秀（古树游览价值极高，具有重要的保护与开发意义）

75~89 分：良好（古树游览价值较高，适合进一步开发与利用）

60~74 分：一般（古树游览价值中等，需加强保护与管理）

60 分以下：较差（古树游览价值较低，需优先保护与修复）

实习三　古树资源调查与健康检测

一、实习目的

(1) 掌握古树资源调查的基本方法和技术，学会准确识别古树树种，测定古树生长状况指标。

(2) 掌握古树健康检测的技术要点和实施方法。

二、实习材料、仪器

垫板、笔、调查表、皮尺、钢棒、布鲁莱斯测高器、便携 GPS 测量仪、SPAD 叶绿素仪、应力波脉冲断层成像仪等。

三、实习内容及方法

（一）古树（名木）基本信息调查

首先，对所调查区域的古树数量、树种名称、具体位置进行调查和记录。其次，对单株古树的多项数据进行调查、测量和记录，具体内容如下：

(1) 古树编号：实地对古树进行编号。

(2) 树牌：包括树木科属种、拉丁学名、等级、大致年代、古树（名木）编号、管护单位等信息（注：一树多牌需要重点标注，并写清所有编号）。

(3) 位置：用 GPS 测量仪测量古树所在位置的经纬度；拍照，并记录周围重要建筑物或其他参照物位置,最后绘制定植图,需要具体到乡镇(街道)、村(居委会)、小地名。

(4) 树种:根据恩格勒、克朗奎斯特、哈钦松等系统确定古树的科和属,树种拉丁学名用双命名法进行记录。

(5) 等级:一级古树为树龄在300年(含300年)以上的树木;二级古树为树龄在100年(含100年)以上的树木;树种稀有、名贵或具有历史价值、纪念意义的树木则可称为名木。

(6) 树高:用测高器测量树木从地面上根颈至树梢的距离或高度。

(7) 胸围:用围尺测量树干距离地面1.3 m的周长。

(8) 树龄估测:测量树龄常用的方法有年轮计数法、生长锥法、文献追踪法、简单类比法等。

(9) 经纬度:通过GPS测量所在位置的经纬度。

(10) 历史、文化信息:查阅文献、书籍,记录与所调查古树相关历史资料;如果是通过坊间传闻或是口述历史的方式得知的古树名人轶事或传说故事,应及时记录保存,并提供周边历史文化遗迹照片。

(11) 现有树牌:信息是否正确,信息不够准确需要后台完善数据,如信息错误则须更换。

(12) 树牌照片:树牌正面清晰照片。

根据上述调查要求,填写古树(名木)基本信息调查表(表20-1)。

表20-1 古树(名木)基本信息调查

项目	指标			
古树编号				
树牌	①有;②无		分布特点	①散生;②群状
现有树牌	信息准确　　信息不够准确需要后台完善数据　　信息错误须更换			
位置	省份(直辖市):　　　　　　　　市(区): 乡镇(街道):　　　　　　　　具体地点: 生长场所:①中心城区;②城市副中心;③远郊野外;④乡村街道;⑤区县城区;⑥自然保护区;⑦风景名胜区;⑧森林公园;⑨历史文化街区;⑩风貌保护区;⑪历史名园;⑫名人故居			

(续表)

项目	指标					
树　种	中文名：		拉丁名：			
	科：		属：			
等级	①一级；②二级；③名木		树高：　　m		胸围：　　cm	
树龄估测	（需注明估测依据）					
冠幅	平均：　　m		东西：　　m		南北：　　m	
经纬度	东经：			北纬：		
历史、文化信息	（收集相关历史、文化、传说等信息；并提供周边历史文化遗迹照片）					
	图片1		图片2		图片3	
	图片4		图片5		图片6	
	古树历史、文化信息简述：					

(续表)

项目	指标		
树体及树牌照片	(反映树体整体及典型特征的照片；是否悬挂树牌的照片或树牌正面清晰照片)		
	图片1	图片2	图片3
	图片4	图片5	图片6
	图片7	图片8	图片9

（二）生长环境评价分析

（1）生长环境：通过 GPS 定位具体海拔；如果生长环境是山区需写明坡向、坡度或坡位信息；如果生长环境是平原需写明绿地中、铺装地、路边、撂荒地、田地或其他信息。

（2）土壤污染：土壤污染物大致可分为无机污染物和有机污染物两大类；无机污染物主要包括酸、碱、盐类化合物等；有机污染物主要包括有机农药、洗涤剂、城市污水、污泥及厩肥带来的污染等。

（3）土壤质地：土壤质地指土壤中不同大小直径的矿物颗粒的组合状况；沙土的性质：含沙量多，颗粒粗糙，渗水速度快，保水性能差，通气性好；黏土的性质：含沙量少，颗粒细腻，渗水速度慢，保水性能好，通气性差；壤土的性质：含沙量适中，颗粒适中，渗水速度适中，保水性能适中，通气性适中。

（4）土壤容重：指一定容积的土壤（包括土粒及粒间的孔隙）烘干后质量与烘干前体积的比值。

（5）有机质含量：单位体积土壤中含有的各种动植物残体与微生物及其分解合成的有机物质的数量；一般以有机质占干土重的百分数表示，参考区间为①<1%土壤颜色较浅，②1%~2%土壤颜色呈灰色，③2%~3%土壤颜色呈灰黑色，④>4%土壤颜色呈黑色或深黑色。

（6）土壤营养元素含量：测量碱解氮、有效磷、速效钾、EC 值和 pH 值的数值。

（7）保护范围：按照《古树名木评价标准》（DB11/T 478）的规定测定，满足规定要求的填 5 m，不满足的按实际填写，并反映在示意图中。

（8）保护范围现状示意图：注明树干位置（实心圆点●）、树冠垂直投影外沿（实线—）及实际保护范围（点虚线····），上方为北向（↑），需标示关键节点距离（单位：m）。

（9）保护范围内其他植物及构筑物情况：按照《古树名木评价标准》（DB11/T 478）的规定测定，古树（名木）树冠边缘外 5 m 范围内为保护范围；保护范围内不准堆放物料，不得损坏表土层和改变地表高度，除保护及加固设施外，不得设置建筑物、构筑物及架（埋）设备种过境管线，不得排放污水烟气、倾倒垃圾和使用明火，不得栽植缠绕古树（名木）的藤本植物。

（10）土壤营养状况分析：根据检测结果对土壤营养状况和理化性质进行分析并给出管理措施建议；碱解氮、有效磷、速效钾和土壤有机质，其他土壤养分及化学性质则视情况而定；营养诊断是古树合理施肥的前提和基础。

（11）特征照片：提供古树保护范围实景照片，土壤特征照片，保护范围内设施、构筑物及其他植物照片3~6张。

根据上述调查要求，填写古树（名木）生长环境评价分析表（表20-2）。

表20-2 古树（名木）生长环境评价分析

项目	指标			
生长环境	海拔：　　m	山区：坡向＿＿＿＿；坡度＿＿＿＿度；坡位＿＿＿＿			
	平原：①绿地中；②铺装地；③路边；④撂荒地；⑤田地；⑥其他＿＿＿＿			
	山地：①阳坡；②阴坡			
土壤污染	①无；②有；③种类及程度：＿＿＿＿＿＿＿＿＿＿			
土壤是否含有杂物	①无；②有极少量异物；③有少量异物；④异物较多			
土壤质地	①黏土；②壤土；③沙土		土壤容重＿＿＿＿＿		g/cm³
有机质含量	①<1%土壤颜色较浅；②1%~2%土壤颜色呈灰色；③2%~3%土壤颜色呈灰黑色；④>4%土壤颜色呈黑色或深黑色；采样测定结果：			
土壤营养元素含量	碱解氮：	有效磷：	速效钾：	单位：mg/kg
	≥60	≥10	≥100	参考值
	EC值：		pH值：	
是否埋干	否　　　是（埋干深度）		根系土壤含水量：＿＿＿＿＿＿%	
保护范围	①东向＿＿＿m ②西向＿＿＿m ③南向＿＿＿m ④北向＿＿＿m		按照《古树名木评价标准》（DB11/T 478）的规定测定，满足规定要求的填5m，不满足的按实际填写，并反映在示意图中	

(续表)

项目	指标	
保护现状范围示意图		注明树干位置（实心圆点●）、树冠垂直投影外沿（实线—）及实际保护范围（点虚线---），上方为北向（↑）。需标示关键节点距离（单位：m）
保护范围内其他植物	①无；②少量且对树体基本无影响；③较多并影响光照和养分；④有攀附古树树体植物	
生长环境总体评价	①良好；②差（主要问题）	
保护范围内构筑物情况	①无；②有［注明类型、对树体影响（包括潜在影响）］；	
土壤营养状况分析	（根据检测结果对土壤营养状况和理化性质进行分析并给出管理措施建议）	
特征照片	（提供古树保护范围实景照片，土壤特征照片，保护范围内设施、构筑物及其他植物照片3~6张）		
	图片1	图片2	图片3
	图片4	图片5	图片6

（三）生长势分析

生长势是指植物生长发育的旺盛程度。如新梢生长的长度、粗度和叶片的大小，生长量越大、越壮、越快的，生长势越强；生长量越小、越弱的，生长势越弱。

（1）新梢生长量：在树冠东南西北 4 个方向共随机选取 20 条标准枝，测量各个枝条的新梢年生长量，取平均值，单位：cm；《古树名木健康快速诊断技术规程》（DB11/T 1113—2014），落叶树和常绿树的判断标准不同。

（2）正常叶片率：叶色正常、无病虫害、无干枯卷曲现象的叶片占全部叶片数量的比例。

（3）常绿树叶片宿存：常绿植物叶片可以在枝干上存在 12 个月或更多时间；与之相对的是落叶植物，落叶植物在一年中有一段时间叶片将完全脱落，枝干没有叶片。

（4）生长势总体评价：①正常：整体长势良好，无病虫害，枝繁叶茂；②衰弱：偶有枯落，或少量病虫害，整体有衰退趋势；③濒危：整体长势差，枯损现象多，病虫害严重。

（5）叶片叶绿素含量：在树冠东南西北 4 个方向，每个方向随机选取 5 个正常枝条，采集枝条中部完全展开的叶片，带回实验室测定；也可利用叶绿素仪测定，取平均值。

（6）叶绿素荧光（光能转换效率）：在树冠东南西北 4 个方向，每个方向随机选取 5 个正常枝条，选择枝条中部完全展开的叶片进行测定，计算光能转换效率（$0.75<(F_m-F_o)/F_m<0.85$ 为正常），取平均值，使用叶绿素荧光仪测定。

（7）特征照片：需要新梢典型照片、叶片宿存情况照片和非正常叶片照片。

根据上述调查结果，填写古树（名木）生长势分析表（表20-3）。

表20-3 古树（名木）生长势分析

项目		指标	
新梢生长量	落叶树	①优≥5；②良3~5；③中1~3；④差<1	在树冠东南西北4个方向共随机选取20条标准枝，测量各个枝条的新梢年生长量，取其平均值。单位：cm。《古树名木健康快速诊断技术规程》（DB11/T 1113—2014）
	常绿树	①优≥2.5；②良1.5~2.5；③中0.5~1.5；④差<0.5	
正常叶片率		①90%及以上；②75%~90%；③60%~75%；④<60%	叶色正常、无病虫害、无干枯卷曲现象的叶片占全部叶片数量的比例
叶片宿存（常绿树）		①宿存3年以上；②宿存3年；③宿存2年；④无宿存	
生长势总体评价		①正常	整体长势良好，无病虫害，枝繁叶茂
		②衰弱	枝叶偶有枯落，或少量病虫害，整体有衰退趋势
		③濒危	整体长势差，枯损现象多，病虫害严重
叶片叶绿素含量			在树冠东南西北4个方向，每个方向随机选取5个正常枝条，采集枝条中部完全展开的叶片，带回实验室测定；也可利用叶绿素仪测定，取平均值
叶绿素荧光（光能转换效率）		$F_o =$ $F_m =$ $(F_m - F_o)/F_m =$	在树冠东南西北4个方向，每个方向随机选取5个正常枝条，选择枝条中部完全展开的叶片进行测定，计算光能转换效率。取平均值，使用叶绿素荧光仪测定
特征照片		(新梢典型照片，叶片宿存情况照片，非正常叶片照片)	
		图片1	图片2	图片3
		图片4	图片5	图片6

（四）已采取复壮保护措施情况与分析

古树复壮主要包括地上与地下两大部分，进行古树复壮和养护要遵循树种的生物学特性，以恢复和保持古树原有生境为目的。根据古树诊断数据和树体生长需求进行具体方案的定制，增强树势和树体抗性，最终使其"延年益寿"。

（1）地上保护措施：指对古树（名木）树干、枝叶等的保护，并促使其生长；常见的包括避雷针、护栏、支撑、封堵树洞、砌树池、抱树箍、透气铺装、枝条整理、幼树靠接、叶面施肥、木栈道和挡土墙等。

（2）土壤改良措施：主要通过改良地下部分环境状况，促进古树（名木）根系生长；常见的包括复壮沟、渗水井、通气管、复壮井、复壮穴、土壤施肥等。

（3）封堵树洞：主要从防腐、封堵、排水和仿真处理等工艺和技术角度检查。

（4）支撑情况：树冠大或树体明显倾斜、中空的古树（名木），可采用硬支撑、拉纤等方法进行支撑、加固；树体可采用螺纹杆加固、铁箍加固等方法进行加固；支撑材料的规格应根据被支撑、加固树体枝干载荷大小而定；支撑设施与树体接触处应加防护垫层以保护树皮；支撑架可使用金属材质，也可以制作成艺术支架。

（5）复壮沟：复壮沟深度、长度和形状随地形而定，采用直沟、半圆形或"U"形均可，在树冠投影外侧挖沟，复壮沟长视情况而定，宽为40~60 cm，深为60~80 cm；沟内可填充田园土、有机肥、草炭、珍珠岩或陶粒以增强透气度、增补营养元素；通常与通气孔、渗水井、通气管组成复壮沟-通气-透水系统，复壮效果更佳。

（6）现有复壮保护措施评价：对现有复壮措施合理性给出评价和改进建议。

（7）特征照片：反映现有复壮保护措施的典型照片3~9张。

根据上述调查结果，填写古树（名木）已采取复壮保护措施情况与分析表（表20-4）。

第二部分 实 习

表 20-4 古树（名木）已采取复壮保护措施情况与分析

项目	主要措施			
地上保护措施	①避雷针；②护栏；③支撑；④封堵树洞；⑤砌树池；⑥抱树箍；⑦透气铺装；⑧枝条整理；⑨幼树靠接；⑩叶面施肥；⑪木栈道；⑫挡土墙；⑬其他			
地下土壤改良措施	①复壮沟；②渗井；③通气管；④复壮井；⑤复壮穴；⑥土壤施肥；⑦其他			
封堵树洞	与树体贴合情况：①紧密；②不够紧密；③间隙明显			
	排水孔和排湿孔：①设置；②设置但不合理；③未设置			
	工艺水平：①精细；②较精细；③粗糙；④差			
	外层处理：①未处理；②整体仿真（好/一般/差）			
未封堵树洞	内壁清理程度：①彻底；②较彻底；③未清理；④有异物			
	内壁防腐处理：①未处理；②刷涂防腐剂和桐油；③碳化			
支撑情况	硬支撑： 处		拉纤： 处	
	支撑强度：①稳固；②较稳固；③较差		支撑类型：①简单支撑；②仿真支撑	
	支撑部位：①合理；②较合理；③不合理		抱箍	①保养好未嵌入树体；②保养差已嵌入树体
	支撑工艺：①橡胶垫设置（合理/不合理）；②抱箍设置（合理/不合理）			
复壮沟	类型：①放射状；②弧线状；③直线状；④穴状；⑤其他		数量： 处	
	宽度： m 总长度： m		通气孔： 处	
	基质组成：①田园土；②有机肥；③草炭；④腐叶土；⑤陶粒；⑥枯树枝；⑦其他			
	位置设置：①合理；②较合理；③不合理		渗井： 处	
	毛细根生长情况：①普遍；②偶见；③未见		根据探根情况判断	
现有复壮保护措施评价	（对现有复壮措施合理性给出评价和改进建议）			

（续表）

项目	主要措施		
特征照片	（反映现有复壮保护措施的典型照片 3~9 张）		
	图片 1	图片 2	图片 3
	图片 4	图片 5	图片 6
	图片 7	图片 8	图片 9

（五）树体损伤情况评估

详细体检时，应注明实际损伤比例（%）与具体位置（如离地面高度、方位）和损伤面积（cm^2）。

（1）树皮损伤比例：仅树皮有缺损、腐朽等受害，计算最大受害部位与树干周长比，≤1/3 为"轻度"，1/3~1/2 为"中度"，>1/2 为"重度"；否则记为"无"。

（2）木质部损伤（未达心材）比例：若木质部产生开裂、缺损或其他受害，钢棒插入的长度<开裂部位处树干半径，则判断为木质部开裂未达心材，测量计算最大受害部位与树干周长比，≤1/3 判定为"轻度"，1/3~1/2 为"中度"，>1/2 为"重度"；否则记为"无"。

（3）木质部损伤（达到心材）比例：若木质部产生开裂、缺损或其他受害，钢棒插入的长度≥开裂部位处树干半径，则判断为木质部开裂达到心材，测量计算最大受害部位与树干周长比，≤1/3 判定为"轻度"，1/3~1/2 为"中度"，>1/2 为"重度"；否则记为"无"。

（4）损伤情况评价：对整体损伤程度进行评价，并给出管护建议。

（5）特征照片：选取最具代表性的照片。

根据上述调查结果，填写古树（名木）树体损伤情况评估表（表20-5）。

表20-5 古树（名木）树体损伤情况评估

部位	树皮损伤比例	木质部损伤（未达心材）比例	木质部损伤（达到心材）比例
树干基部	□无 □轻度 □中度 □重度	□无 □轻度 □中度 □重度	□无 □轻度 □中度 □重度
树干	□无 □轻度 □中度 □重度	□无 □轻度 □中度 □重度	□无 □轻度 □中度 □重度
构成骨架大枝	□无 □轻度 □中度 □重度	□无 □轻度 □中度 □重度	□无 □轻度 □中度 □重度

(续表)

部位	树皮损伤比例	木质部损伤（未达心材）比例	木质部损伤（达到心材）比例
损伤情况评价	[对整体损伤程度进行评价，并给出管护建议。注明实际损伤比例（%）与具体位置（如离地面高度、方位）和损伤面积（cm²）]		
特征照片	图片1	图片2	图片3

（六）树体倾斜、空腐情况检测

（1）树基松动：用力推树干，若树干根基部出现晃动现象，则判断为"重度"；否则记为"无"。

（2）根部腐朽：用钢棒斜向下45°戳探树干根基部一周，至少4个点；若可深入其表层或心材，测量钢棒插入的长度，≤5 cm为"轻度"，5~20 cm为"中度"，>20 cm为"重度"；否则记为"无"。

（3）根部裸露：根部裸露或隆起时，则测量裸露根系占树堰面积的比，≤1/3判定为"轻度"，1/3~1/2为"中度"，>1/2为"重度"；若超出树堰，则为"重度"；否则记为"无"；无树堰时，记录裸露总长度。

（4）主干异常音：用木槌敲击，若有异常音，记为"有"；否则记为"无"。

（5）主干倾斜：测量倾斜程度，≤5°为"轻度"，5°~15°为"中度">15°为"重度";否则记为"无"。

（6）第一分枝点部位异常：观察树干第一分枝点部位处，仅存在龟裂或卷皮现象为"轻度"，出现腐烂现象但未形成明显空洞为"中度"，可见明显空洞为"重度";否则记为"无"。

（7）偏冠：偏冠度≤1/3为"轻度"，1/3~1/2为"中度"，>1/2为"重度";否则记为"无"。

（8）枯枝：枯枝率≤1/3为"轻度"，1/3~1/2为"中度"，>1/2为"重度";否则记为"无"。

（9）枝条整理留橛：1个为"轻度"，2~3个为"中度"，>3个为"重度";否则记为"无"。

（10）主干空腐率：用应力波脉冲断层成像仪进行测定，以百分数表示。

（11）倾斜、空腐情况总体评价：对安全风险和空腐程度进行整体评价，并提出管护建议。

根据上述调查结果，填写古树（名木）树体倾斜、空腐情况检测表（表20-6）。

表20-6 古树（名木）树体倾斜、空腐情况检测

项目	结果	特征照片	检测标准说明
树基松动	□无 □重度		用力推树干，若树干根基部出现晃动现象，则为"重度";否则记为"无"
根部腐朽	□无 □轻度 □中度 □重度		用钢棒斜向下45°戳探树干根基部一周，至少4个点。若可深入其表层或心材，测量钢棒插入的长度，≤5 cm为"轻度"，5~20 cm为"中度"，>20 cm为"重度";否则记为"无"
根部裸露	□无 □轻度 □中度 □重度 总长度：_____		根部裸露或隆起时，则测量裸露根系占树堰面积的比，≤1/3为"轻度"，1/3~1/2为"中度"，>1/2为"重度";若超出树堰，则判定为"重度";否则记为"无";无树堰时，记录裸露总长度
主干异常音	□无 □有	/	用木槌敲击，若有异常音，记为"有";否则记为"无"

（续表）

项目	结果	特征照片	检测标准说明
主干倾斜	□无 □轻度 □中度 □重度		测量倾斜程度，≤5°为"轻度"，5°~15°为"中度"，>15°为"重度"；否则记为"无"
第一分枝点部位异常	□无 □轻度 □中度 □重度		观察树干第一分枝点部位处，仅存在龟裂或卷皮现象为"轻度"，出现腐烂现象但未形成明显空洞为"中度"，可见明显空洞为"重度"；否则记为"无"
偏冠	□无 □轻度 □中度 □重度		偏冠度≤1/3为"轻度"，1/3~1/2为"中度"，>1/2为"重度"；否则记为"无"
枯枝	□无 □轻度 □中度 □重度		枯枝率≤1/3为"轻度"，1/3~1/2为"中度"，>1/2为"重度"；否则记为"无"
枝条整理留橛	□无 □轻度 □中度 □重度		1个判定为"轻度"，2~3个为"中度"，>3个为"重度"；否则记为"无"
主干空腐率	_____%		用应力波脉冲断层成像仪进行测定，以百分数表示
倾斜、空腐情况总体评价	（对安全风险和空腐程度进行整体评价，并提出管护建议。应注明所有项目的实际测定数值，以及损伤部位的具体的位置和方位）		

（七）病虫害发生情况分析

（1）蛀干害虫：记录树体活组织中虫害类型、虫孔数量、虫孔直径，并计算最大受害部位宽度与树干周长比，≤1/3为"轻度"，1/3~1/2为"中度"，>1/2为"重度"；否则记为"无"；枝梢被害率≤1/5叶片为"轻度"，1/5<叶片被害率≤1/3为"中度"，叶片被害率>1/3为"重度"。

（2）病害：记录病害名称，并计算最大受害部位宽度与树干周长比，≤1/3为"轻度"，1/3~1/2为"中度"，>1/2为"重度"；否则记为"无"；叶片被害率≤1/3为"轻度"，1/3<叶片被害率≤2/3为"中度"，叶片被害率>2/3为"重度"；枝梢被害率≤1/5叶片为"轻度"，叶片1/5<

叶片被害率≤1/3 叶片为"中度",叶片被害率>1/3 叶片为"重度"。

(3) 特征照片:选取每一项最具代表性的照片。

(4) 总体评价:评价树体遭受病虫害侵袭程度,给出管护建议,仅发生在腐朽组织或部位的虫害需要在本部分说明。

根据上述调查结果,填写古树(名木)病虫害发生情况分析表(表20-7)。

表 20-7 古树(名木)病虫害发生情况分析

部位	蛀干害虫	病害	特征照片
树干基部	□无 □轻度 □中度 □重度 名称:	□无 □轻度 □中度 □重度 名称:	
树干	□无 □轻度 □中度 □重度 名称:	□无 □轻度 □中度 □重度 名称:	
构成骨架大枝	□无 □轻度 □中度 □重度 名称:	□无 □轻度 □中度 □重度 名称:	
叶片	/	□无 □轻度 □中度 □重度 名称:	
枝梢	□无 □轻度 □中度 □重度 名称:	□无 □轻度 □中度 □重度 名称:	
总体评价	(评价树体遭受病虫害侵袭程度,给出管护建议,要注明数量和病虫害占比)		

四、实习报告

对所调查区域古树(名木)生长和养护情况进行评价,并填写 2 棵古树(名木)的登记调查表(针叶树和阔叶树各一棵)。

五、思考题

(1) 古树资源可以按照哪些标准进行分类？这些分类对古树保护与管理有何意义？

(2) 古树健康评价中，如何结合树龄与生长势指标推断其健康状态？

(3) 怎样处理古树保护与城市建设的矛盾？若古树定植图显示根系延伸至新建道路红线内，应如何协调保护与建设需求？

参考文献

丛日晨，张克中，2023. 古树养护与复壮［M］. 北京：中国林业出版社.

杜宾，2017. 园林植物病虫害综合防治研究［M］. 北京：中国农业科学技术出版社.

李凤日，2019. 测树学［M］. 4版. 北京：中国林业出版社.

李庆卫，2011. 园林树木整形修剪学［M］. 北京：中国林业出版社.

李月华，2015. 林学专业综合实验实习指导书［M］. 北京：中国林业出版社.

王雪峰，陈珠琳，王甜，2021. 森林计测［M］. 北京：中国林业出版社.

肖望，2020. 植物生理学实验指导［M］. 广州：中山大学出版社.

袁军，2020. 土壤学实验实习指导书［M］. 北京：中国林业出版社.

查同刚，2017. 土壤理化分析［M］. 北京：中国林业出版社.

张齐兵，方欧娅，吕利新，2019. 青藏高原树木年轮生态学研究［M］. 北京：科学出版社.

DB11/T 767—2010——《古树名木养护管理规范》

DB11/T 632—2025——《北京古树名木保护复壮技术规程》

DB11/T 632—2009——《古树名木保护复壮技术规程》

DB11/T 478—2007——《古树名木评价标准》

DB11/T 1113—2014——《古树名木健康快速诊断技术规程》

GB/T 51168—2016——《城市古树名木养护和复壮工程技术规范》

HJ 802—2016——《土壤电导率的测定　电极法》

HJ 613—2011——《土壤干物质和水分的测定　重量法》

NY/T 1848—2010——《中性、石灰性土壤铵态氮、有效磷、速效钾的测定 联合浸提-比色法》

NY/T 1849—2010——《酸性土壤铵态氮、有效磷、速效钾的测定 联合浸提-比色法》

NY/T 1121.4—2006——《土壤检测 第4部分：土壤容重的测定》

NY/T 1121.6—2006——《土壤检测 第6部分：土壤有机质的测定》

HJ 962—2018——《土壤 pH 值的测定 电位法》

彩 图

古树地上补水设施

通气孔　　　　　　　　　连接通气孔和渗水井

回填覆土　　　　　　　　　渗水井

铺设渗水井垫层

地下补水、排水和施肥设施

彩　图

人字形支撑

H型支撑

抱干支撑

门框型支撑

古树常见硬支撑

古树树干空腐检测

彩 图

稳定古树树体

人工切割基部根系

整理移栽新址

固定根部土坨

古树移栽施工

古玉兰的幼树靠接

彩　图

测量古树胸径

测量古树冠幅

测量古树围栏

测量古树叶绿素含量

古树健康基础检测

攀缘植物引起的古树衰弱

树皮病害引起的古树衰弱

埋干引起的古树衰弱

树皮脱落引起的古树衰弱

古树常见衰弱状况